零基础轻松学造价

图解园林工程识图与造价速成

鸿图造价 组织编写

杨霖华 主 编

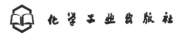
化学工业出版社

·北京·

内 容 简 介

本书依据《建设工程工程量清单计价规范》（GB 50500—2013）、《园林绿化工程工程量计算规范》（GB 50858—2013）、《房屋建筑制图统一标准》（GB/T 50001—2017）等现行标准规范进行编写。本书共分 5 章，包括园林工程造价概述，绿化工程，园路、园桥工程，园林景观工程，措施项目等内容。本书在编写过程中，将识图和算量相结合，搭配丰富的线条图和现场施工图进行讲解，同时对重点知识点配有音频或视频进行分析和讲解，读者可以扫描书中二维码进行收听或观看，方便理解和学习。

本书内容简明实用、图文并茂，适用性和实际操作性较强，适合园林工程建设单位、施工单位、咨询单位的造价人员及工程管理人员学习使用，也可作为大中专院校园林工程、工程造价、工程管理等专业的快速培训教材或教学参考书。

图书在版编目（CIP）数据

图解园林工程识图与造价速成/鸿图造价组织编写；
杨霖华主编. —北京：化学工业出版社，2023.4
  ISBN 978-7-122-42747-2

Ⅰ.①图… Ⅱ.①鸿…②杨… Ⅲ.①造园林-工程
制图-识图②园林-工程造价 Ⅳ.①TU986.2②TU986.3

中国国家版本馆 CIP 数据核字（2023）第 030695 号

责任编辑：彭明兰   文字编辑：邹　宁 李旺鹏
责任校对：李雨函   装帧设计：刘丽华

出版发行：化学工业出版社（北京市东城区青年湖南街 13 号　邮政编码 100011）
印　　刷：三河市航远印刷有限公司
装　　订：三河市宇新装订厂
787mm×1092mm　1/16　印张 10　字数 235 千字　2023 年 9 月北京第 1 版第 1 次印刷

购书咨询：010-64518888   售后服务：010-64518899
网　　址：http://www.cip.com.cn
凡购买本书，如有缺损质量问题，本社销售中心负责调换。

定　　价：58.00 元

本书编写人员名单

组　　编：鸿图造价

主　　编：杨霖华

副 主 编：李鹏飞　罗飞云　付泽江

参　　编：葛如凯　宁海艳　崔建丽　肖倩倩　陈　波

　　　　　张　磊　韩科江　齐素华　潘　博　马　赛

　　　　　张　班　王本祖　李　瑞　刘世武　陈小龙

　　　　　郝亚博　崔明明　马　良　吴天锐

工程造价是一项细致的工作，它涉及的知识面也比较广，随着建筑行业的不断发展和进步，"工程造价"这个词已经被越来越多的企业和个人所关注。它之所以备受关注是因为工程的造价将直接影响到企业投资的成功与否和个人的基本收益，而且很多高校都单独设有工程造价专业，由此可见工程造价的重要性。

做工程造价的前提是会识图和能读懂计算规则并进行算量，如何把这一步学得扎实，并学以致用，一直是很多造价从业人员的难题。本书作者根据自己多年来的从业经验，将识图与算量结合起来讲解，以期帮助读者会识图、懂规则、能算量，做到真正掌握工程造价。

本书依据现行的《建设工程工程量清单计价规范》（GB 50500—2013）、《园林绿化工程工程量计算规范》（GB 50858—2013）、《房屋建筑制图统一标准》（GB/T 50001—2017）等标准规范进行编写。本书将识图和算量结合起来讲解，为了让读者理解得更为透彻，识图部分不单单是用线条图表现，大部分都配有现场施工图，同时重要的知识点配有音频或视频讲解，只要扫一下书中的二维码，就能在线听或者观看相关音/视频及现场施工图片，方便读者理解学习。算量部分针对清单工程量计算规则、工程量计算过程等，主要以案例讲解为主，对案例中的重要数值给出"小贴士"讲解其来龙去脉，在内容上做到了循序渐进、环环相扣，为读者学习提供了极大的便利。本书与同类书相比具有以下显著特点。

1. 讲解流程清晰。按照"概念（基本知识点）—识图（线条图、现场施工图展示）—计算规则及公式—案例讲解"的顺序讲解，将知识点分门别类、有序讲解，解读清晰完整。

2. 内容分析透彻。对重点知识点多角度剖析，不仅仅是书上展示的内容，还配有音/视频资源讲解，加深读者印象。

3. 展示图片直观。线条图和现场图对应，平面和立体结合，让读者能清晰直观地将理论与实际相结合。

4. 注重知识拓展。对重难点给出注意事项，提醒读者注意；案例中对重要数值，用"小贴士"进行讲解，让读者知道计算的来龙去脉。

5. 配套资源丰富。配套的 PPT 电子课件、网络图书答疑，一应俱全。

本书在编写过程中，得到了许多同行的支持与帮助，在此一并表示感谢。

由于编者水平有限和时间紧迫，书中难免有不妥之处，望广大读者批评指正。如有疑问或者需要配套的 PPT 电子课件，可发邮件至 zjyjr1503@163.com 或是申请加入 QQ 群 909591943 与编者联系。

CONTENTS

第❶章 ▶▶▶

园林工程造价概述

1.1 园林工程造价的概念与特点

1.1.1 园林工程造价的概念

工程造价，是指进行一个工程项目的建造所需要花费的全部费用，即从工程项目确定建设意向直至竣工验收为止的整个建设期间所支出的总费用，这是保证工程项目建造正常进行的基础，是建设项目投资中最主要的部分。

园林工程属于艺术范畴，它不同于一般的工业、民用建筑等工程，由于每项工程各具特色，风格各异，工艺要求不尽相同，且项目零星、地点分散、工程量小、工作面大、花样繁多、形式各异，又受气候条件的影响较大，因此，不可能用简单、统一的价格对园林工程产品进行精确的核算，必须根据设计文件的要求和园林工程产品的特点，对园林工程事先从经济上加以计算，以便获得合理的工程造价，保证工程质量。因此园林工程造价是指在园林工程建设过程中，根据不同设计阶段的具体内容和有关定额、指标及取费标准预先计算和确定建设项目的全部过程费用的技术经济文件。园林工程不同阶段与工程预算的关系如图 1-1 所示。

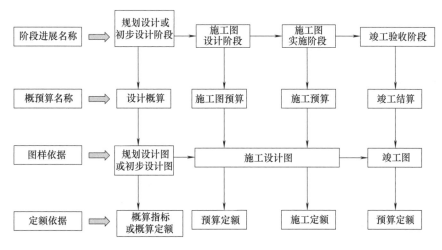

图 1-1　园林工程不同阶段与工程预算的关系

对于任何一项园林工程，我们都可以根据设计图纸在施工前确定工程所需要的人工、机械和材料的数量、规格和费用，预先计算出该项工程的全部造价。园林工程造价具有下述两种不同的含义。

① 园林工程造价是指建设一项园林工程项目预期开支或实际开支的全部固定资产投资费用的总和。投资者为了获得园林工程项目的预期效益，需要对园林绿化项目进行策划、决策、设计、招标、施工、竣工验收等一系列生产经营活动，在这一系列经营活动中所耗费的全部费用总和，就构成了园林工程造价。

② 园林工程造价是指为建设一个公园、庭园、风景名胜区等，预计或实际上在土地市场、设备市场、技术劳务市场以及承包市场等进行交易活动形成的承包交易价格。园林工程造价的第二种含义是以市场经济为前提，通过招标投标或发承包等交易方式，在进行多次估价的基础上，最终由竞争形成的市场价格。

园林工程造价的两种含义，是从不同角度把握同一种事物的本质。对园林工程投资者来说，工程造价就是项目投资，是"购买"园林工程项目所要付出的价格；同时园林工程造价也是工程投资者作为市场供给主体"出售"工程项目时定价的基础。对于提供技术、劳务的勘察设计、施工、造价咨询等机构来说，园林工程造价是他们作为市场供给主体出售商品和劳务价格的总和，或者是指特定范围的工程造价，如喷泉工程造价、假山工程造价等。

1.1.2 园林工程造价的特点 （音频1-工程造价的职能）

由于园林工程项目和建设过程的特殊性，其工程造价具有以下特点。

1.1.2.1 大额性

园林工程能够发挥一定生态和社会投资效用，不仅占地面积和实物形体较大，而且造价高昂。其造价动辄数百万、数千万元，特大型综合风景园林工程项目的造价可达几十亿元人民币。所以，园林工程造价具有大额性的特点。

1.1.2.2 个别性和差异性

任何一项园林工程都有特定的用途、功能和规模，所以，对每一项园林工程的结构、造型、空间分割、设备配置和内外装饰都有具体的要求，因而使园林工作内容和实物形态都具有个别性、差异性。产品的差异性及每项园林工程所处地区、地段的不同决定了园林工程造价的个别性和差异性。

1.1.2.3 动态性

任何一项园林工程从决策到竣工交付使用，都有一个较长的建设期，而且由于不可控因素的影响，在预计工期内，许多影响园林工程造价的动态因素，如园林工程变更、设备材料价格、工资标准以及费率、利率、汇率等，都会发生变化，这些变化必然会造成造价的变动。所以，园林工程造价在整个建设期间处于不确定状态，直至竣工决算后工程的实际造价才能被最终确定。

1.1.2.4 层次性

园林工程造价的层次性取决于园林工程的层次性。一个园林建设项目通常含有多个能够独立发挥生产效能的单项工程（如绿化工程、园路工程、园桥工程和假山工程等）。一个单项工程又由能够各自发挥专业效能的多个单位工程（如土建工程、安装工程等）组成。与此相适应，工程造价有三个层次：建设项目总造价、单项工程造价和单位工程造价。如果专业分工更细，单位工程的组成部分（以土建工程为例）——分部分项工程也可以成为层次对象，如土方工程、基础工程、装饰工程等，这样工程造价的层次就增加了分部工程和分项工程而成为五个层次。即使从造价的计算和工程管理的角度看，工程造价的层次性也是非常突出的。

1.1.2.5 兼容性

园林工程造价的兼容性主要表现在它具有两种含义以及其构成因素的广泛和复杂。

1.1.2.6 复杂性

在园林绿化工程造价中，成本因素非常复杂，其中为获得建设工程用地支出的费用、项目可行性研究和规划设计费用、与政府一定时期政策（特别是产业政策和税收政策）相关的费用占有相当的份额。另外，盈利的构成也较为复杂，资金成本较大。

1.2 园林工程造价的分类与构成

1.2.1 园林工程造价的分类 （视频 1-园林工程造价的分类）

1.2.1.1 按用途分类

园林工程造价按照用途分为标底价格、投标价格、中标价格、直接发包价格、合同价格和竣工结算价格。

（1）标底价格

标底价格是招标人的期望价格，并不是交易价格。招标人以此作为衡量投标人投标价格的尺度。标底价可由招标人自行编制，也可委托招标代理机构编制，由招标人做出决策，也是招标人控制投资的一种手段。

（2）投标价格

投标人为了得到工程施工承包的资格，按照招标人在招标文件中的要求进行估价，然后依据投标策略确定投标价格，以争取中标并且通过工程实施取得经济效益。所以投标报价是卖方的要价，若中标，这个价格就是合同谈判和签订时确定园林工程价格的基础。若设有标底，投标报价时要研究招标文件中评标时标底的使用。

（3）中标价格

中标价格的意思是在工程招标活动中，通过了招标人的各项综合评价后，最终中标者的报价。中标包含两层意思。一是投标人能够最大限度地满足招标文件中规定的各项综合评价标准。这里所谓的综合评价标准，就是对投标文件进行总体评估和比较，既按照价格标准，又将非价格标准尽量量化成货币计算，评价最佳者中标。二是能够满足招标文件的实质性要求，并且经评审其投标价格最低，但是投标价格低于工程成本的除外。这项标准是与市场经济的原则相适应的，体现了优胜劣汰的原则。经评审的最低投标价格，仍然是以"投标报价最低者中标"作为基础，但又不是简单地去比较价格，而是对投标报价做出评审，在评审的基础上进行比较，这样较为可靠、合理。

（4）直接发包价格

直接发包价格是以审定的施工图预算为基础，以发包人和承包人商定增减价的方式确定的定价。

直接发包价格由发包人与指定的承包人直接接触，通过谈判达成协议签订施工合同并定价，而不需要像招标承包定价方式那样通过竞争定价。直接发包方式计价只用于不宜直接招标的工程，如军事工程、保密技术工程、专利技术工程及发包人认为不宜招标而又不违反

《中华人民共和国招标投标法》第三条（招标范围）规定的其他工程。

直接发包方式计价首先提出协商价格意见的可能是发包人或其委托的中介机构，也可能是承包人提出价格意见交发包人或其委托的中介机构进行审核。无论由哪方提出协商价格意见，都要通过谈判协商，签订承包合同，确定合同价。

（5）合同价格

合同价格是指在园林工程招投标阶段，承发包双方根据工程承包合同条款及有关规定所计算和确定的拟建工程造价总额。合同价格按计价方法的不同，可分为固定合同价、可调合同价和工程成本加酬金合同价。

① 固定合同价分为固定合同总价和固定合同单价两种。

a. 固定合同总价。合同的价格计算是以图纸及规定、规范为基础，工程任务和内容明确，业主的要求和条件清楚，合同总价一次包死，固定不变，即不再因为物价波动、气候条件恶化、地质条件的变化及其他意外困难等而变化的一类合同计价方法。在这类合同中，承包商承担了全部的工作量和价格的风险，因此合同价款一般会高些。

b. 固定合同单价。它是指合同中确定的各项单价在工程实施期间不因价格变化而调整，而在每月（或每阶段）工程结算时，根据实际完成的工程量结算，在工程全部完成时以竣工图的工程量最终结算工程总价款。

② 可调合同价分为可调总价和可调单价两种。

a. 可调总价。采用可调总价的合同，又称为变动总价合同，其合同价格是以图纸及规定、规范为基础，按照时价进行计算，得到包括全部工程任务和内容的暂定合同价格。它是一种相对固定的价格，在合同执行过程中，由于通货膨胀等原因而使所使用的工、料成本增加时，可以按照合同约定对合同总价进行相应的调整。当然，一般由于设计变更、工程量变化和其他工程条件变化所引起的费用变化也可以进行调整。因此，通货膨胀等不可预见因素的风险由业主承担，对承包商而言，其风险相对较小，但对业主而言，不利于其进行投资控制，投资的风险就增大了。

b. 可调单价。合同单价可调，一般是在工程招标文件中规定，在合同中签订的单价，根据合同约定的条款，如在工程实施过程中物价发生变化，可作调整。有的园林工程在招标或签约时，因某些不确定因素而在合同中暂定某些分部分项工程的单价，在工程结算时，再根据实际情况和约定对合同单价进行调整，确定实际结算单价。

③ 工程成本加酬金合同价，是由业主向承包人支付工程项目的实际成本，并按事先约定的某一种方式支付酬金的定价类型。即工程最终合同价格按承包商的实际成本加一定比例的酬金计算，而在合同签订时不能确定一个具体的合同价格，只能确定酬金的比例。其中酬金由管理费、利润及奖金组成。

（6）竣工结算价格

竣工结算价格是指一个建设项目或单项工程、单位工程待全部竣工，发承包双方根据现场施工记录、设计变更通知单、现场变更鉴定、定额预算单价等资料，进行合同价款的增减或调整计算。竣工结算应按照合同有关条款和价款结算办法的有关规定进行，合同通用条款中有关条款的内容与价款结算办法的有关规定有出入的，以价款结算办法的规定为准。

1.2.1.2 按计价方法分类

工程计价在工程项目的不同建设阶段具有不同的表现形式。园林工程造价按照计价方法分为估算造价、概算造价、预算造价、投标价、结算造价和竣工决算价。

（1）估算造价

对拟建工程所需费用数额，在前期工作阶段（编制项目建议书和可行性研究报告书过程中）按照投资估算指标进行一系列计算所形成的价格，称为估算造价。园林工程投资估算是拟建项目前期工作的重要一环。

园林工程估算造价仅是一个建设项目投资的一部分。以一个大中型新建项目来说，它的建设投资应该是从前期工作到其设备购置和建筑、安装工程完成及试车、考核、投产所需的全部建设费用，包括固定资产费用、无形资产费用、递延资产费用和预备费用四部分内容。

（2）概算造价

在建设项目的初步设计或扩大初步设计阶段，由设计单位根据初步设计或扩大初步设计图纸、设备材料清单、概算定额、设备材料价格和费用定额及有关规定文件等资料，编制出反映拟建项目所需建设费用的经济文件，成为初步设计概算。初步设计概算所确定的建设项目所需费用总额，称为概算造价。概算造价是初步设计文件的重要组成部分，是确定工程设计阶段的投资依据，经过批准的设计概算用来控制工程建设投资的最高限额。

初步设计概算造价的超出额不得大于原批准可行性研究报告中估算投资额的 10％，否则，应寻找超过的原因或修改设计。

（3）预算造价

设计单位在施工图设计阶段依据施工图设计的内容和要求结合预算定额的规定，计算出每一单位工程的全部工程量，套选有关定额并按照部门或地区主管部门发布的有关编制工程预算的文件规定，详细地编制出相应建设工程的预算造价，成为施工图预算或施工图设计预算造价。经批准的预算，是编制年度工程建设计划，签订建设项目施工合同，实行建筑安装工程造价包干和支付工程款项的依据。实行招标的工程，设计预算是制订招标控制价（标底）的重要依据。

（4）投标价

投标价是招标工作投标报价的简称。投标价由投标人自主确定，应由投标人或受其委托具有相应资质的工程造价咨询者编制，但不得低于成本。

（5）结算造价

结算造价经建设单位（业主）认可签证后，是建设单位拨付工程价款的依据，是施工单位获得人力、物力和财力耗费补偿的依据，是甲、乙双方终止合同关系的依据，同时，单项工程结算书又是编制建设项目竣工决算的依据。

（6）竣工决算价

竣工决算也称工程决算，分为建设单位竣工决算和施工单位竣工决算两种。

① 建设单位竣工决算是指一个建设项目在全部工程或某一期工程完工后，由建设单位以各单项工程结算造价及有关费用支出等资料为依据，编制出的反映该建设项目从立项到交付使用全过程中各项资金使用情况的总结性文件所确定的造价。这个价格称为决算造价，它是办理竣工工程交付使用验收的依据，是竣工报告的组成部分。按照工程竣工决算编制的有关规定，竣工决算的内容包括竣工决算说明书、竣工决算财务表、交付使用财产总表、交付使用财产明细表四个部分。

② 施工单位竣工决算又称为单位工程竣工成本决算，是由施工企业的财会部门编制的。通过决算，施工企业内部可以进行实际成本分析，评估经营效果，总结经验教训，以利提高企业经营管理水平。

1.2.2 园林工程造价的构成 （音频 2-铺底流动资金）

按构成要素划分，园林工程造价由直接费、间接费、利润和税金四部分内容构成。

1.2.2.1 直接费

直接费由直接工程费和措施费组成，其具体内容分述如下。

（1）直接工程费

直接工程费是指园林工程施工建造过程中耗费的构成工程实体的各项费用，包括人工费、材料费、施工机械使用费三项内容。

① 人工费　人工费指直接从事园林工程施工的生产工人开支的各项费用，内容如下。

a. 基本工资，指发放给生产工人的基本工资。

b. 工资性补贴，指按规定标准发放的物价补贴，煤、燃气补贴，交通补贴，住房补贴，流动施工津贴等。

c. 生产工人辅助工资，是指生产工人年有效施工天数以外非作业天数的工资，包括职工学习、培训期间的工资，调动工作、探亲、休假期间的工资，因气候影响的停工工资，女工哺乳期间的工资，病假在六个月以内的工资及产、婚、丧假假期的工资。

d. 职工福利费，指按规定标准计提的职工福利费用。

e. 生产工人劳动保护费，指按标准发放的劳动防护用品的购置费及修理费、徒工服装补贴、防暑降温措施费用。

② 材料费　材料费指施工过程中耗费的构成工程实体的原材料、辅助材料、构配件、零件、半成品的费用，内容如下。

a. 材料原价（或供应价格）。

b. 材料运杂费，指材料自来源地运至工地仓库或指定堆放地点所发生的全部费用。

c. 运输损耗费，指材料在运输过程中不可避免的损耗。

d. 采购及保管费，指组织采购、供应和保管材料过程中所需要的各项费用，包括采购费、仓储费、工地保管费、仓储损耗。

e. 检验试验费，指对建筑材料、构件和建筑安装物进行一般鉴定、检查所发生的费用，包括自设试验室进行试验所耗用的材料和化学药品等费用。不包括新结构、新材料的试验费和建设单位对具有出厂合格证明的材料进行检验，对构件做破坏性试验及其他特殊要求检验试验的费用。

③ 施工机械使用费　施工机械费指施工机械作业所发生的机械使用费以及机械安拆费和场外运费。施工机械台班单价应由下列七项费用组成。

a. 折旧费，指施工机械在规定的使用年限内，陆续收回其原值及购置资金的时间价值。

b. 大修理费，指施工机械按规定的大修理间隔台班进行必要的大修理，以恢复正常功能所需的费用。

c. 经常修理费，指施工机械除大修理以外的各项保养和临时故障排除所需的费用，包括为保障机械正常运转所需替换设备与随机配备工具附具的摊销和维护费用，机械运转中日常保养所需润滑与擦拭的材料费用及机械停滞期间的维护和保养费用等。

d. 安拆费用及场外运费。安拆费指施工机械在现场进行安装与拆卸所需的人工、材料、机械和试运转费用以及机械辅助设施的折旧、搭设、拆除等费用；场外运费指施工机械整体或分体自停放地点运至施工现场或由一施工地点运至另一施工地点的运输、装卸、辅助材料及架线等费用。

e. 人工费，指机上司机（司炉）和其他操作人员的工作日人工费及上述人员在施工机械规定的年工作台班以外的人工费。

f. 燃料动力费，指施工机械在运转作业中所消耗的固体燃料（煤、木柴）、液体燃料（汽油、柴油）及水、电等产生的费用。

g. 养路费及车船使用税，指施工机械按照国家规定和有关部门规定应缴纳的养路费、车船使用税、保险费及年检费等。

（2）措施费

措施费指为完成工程项目施工，发生于该工程施工前和施工过程中非工程实体项目的费用，包括内容如下。

① 环境保护费　指施工现场为达到环境部门要求所需要的各项费用。

② 文明施工费　指施工现场文明施工所需要的各项费用。

③ 安全施工费　指施工现场安全施工所需要的各项费用。

④ 临时设施费　指施工企业为进行园林工程施工所必须搭设的生活和生产用的临时建筑物、构筑物和其他临时设施的费用等。

临时设施包括：临时宿舍、文化福利及公用事业房屋与构筑物，仓库、办公室、加工厂以及规定范围内道路、水、电、管线等临时设施和小型临时设施。

临时设施费用包括：临时设施搭设的费用、维修费、拆除费或摊销费。

⑤ 夜间施工费　指因夜间施工所发生的夜班补助费、夜间施工降效、夜间施工照明设备摊销及照明用电等费用。

⑥ 二次搬运费　指因施工场地狭小等特殊情况而发生的二次搬运费用。

⑦ 大型机械设备进出场及安拆费　指机械整体或分体自停放场地运至施工现场或由一个施工地点运至另一个施工地点，所发生的机械进出场运输及转移费用及机械在施工现场进行安装、拆卸所需的人工费、材料费、机械费、试运转费和安装所需的辅助设施费用。

⑧ 混凝土、钢筋混凝土模板及支架费　指混凝土施工过程中需要的各种钢模板、木模板、支架等的支、拆、运输费用及模板、支架的摊销（或租赁）费用。

⑨ 脚手架费　指施工需要的各种脚手架的搭、拆、运输费用及脚手架的摊销（或租赁）费用。

⑩ 已完工程及设备保护费　指竣工验收前，对已完工程及设备进行保护所需的费用。

⑪ 施工排水、降水费　指为确保工程在正常条件下施工，采取各种排水、降水措施所发生的各种费用。

1.2.2.2　间接费

间接费主要由规费、企业管理费组成。

（1）规费

规费指政府和有关权力部门规定必须缴纳的费用，内容如下。

① 社会保障费　主要内容如下。

a. 养老保险费，指企业按照规定标准为职工缴纳的基本养老保险费。

b. 失业保险费，指企业按照规定标准为职工缴纳的失业保险费。

c. 医疗保险费，指企业按照规定标准为职工缴纳的基本医疗保险费。

d. 生育保险费，指企业按照规定标准为职工缴纳的生育保险费。

e. 工伤保险费，指企业按照规定标准为职工缴纳的工伤保险费。

② 住房公积金　指企业按规定标准为职工缴纳的住房公积金。

③ 工程排污费　指按规定缴纳的施工现场工程排污费。

（2）企业管理费

企业管理费指工程建设单位组织施工生产和经营管理所需的费用，内容如下。

① 管理人员工资　指管理人员的基本工资、工资性补贴、职工福利费、劳动保护费等。

② 办公费　指企业管理办公用的文具、纸张、账表、印刷、邮电、书报、会议、水电、烧水和集体取暖（包括现场临时宿舍取暖）用煤等费用。

③ 差旅交通费　指职工因公出差、调动工作的差旅费、住勤补助费，市内交通费和误餐补助费，职工探亲路费，劳动力招募费，职工离退休、退职一次性路费，工伤人员就医路费，工地转移费以及管理部门使用的交通工具的油料、燃料、养路费及牌照费。

④ 固定资产使用费　指管理和试验部门及附属生产单位使用的属于固定资产的房屋、设备仪器等的折旧、大修、维修或租赁费。

⑤ 工具用具使用费　指管理使用的不属于固定资产的生产工具、器具、家具、交通工具和检验、试验、测绘、消防用具等的购置、维修和摊销费。

⑥ 劳动保险费　指由企业支付离退休职工的易地安家补助费、职工退职金、六个月以上的病假人员工资、职工死亡丧葬补助费、抚恤费、按规定支付给离休干部的各项经费。

⑦ 工会经费　指企业按职工工资总额计提的工会经费。

⑧ 职工教育经费　指企业为职工学习先进技术和提高文化水平，按职工工资总额计提的费用。

⑨ 财产保险费　指施工管理用财产和车辆的保险费用。

⑩ 财务费　指企业为筹集资金而发生的各种费用，如企业经营期间发生的短期贷款利息支出、汇兑净损失、调剂外汇手续费、金融机构手续费，以及企业筹集资金发生的其他财务费用等。

⑪ 税金　指企业按规定缴纳的房产税、车船使用税、土地使用税、印花税等。

⑫ 其他　包括技术转让费、技术开发费、业务招待费、绿化费、广告费、公证费、法律顾问费、审计费、咨询费等。

（音频 3-固定资产投资方向调节税）

1.2.2.3　利润

利润是指施工企业完成所承包工程获得的盈利。

1.2.2.4　税金

税金是指企业根据建筑服务销售价格，按规定税率计算的增值税销项税额。

1.2.3　园林工程造价确定依据

1.2.3.1　园林工程定额

（1）园林工程定额的概念

从字面上讲，定即规定，额即额度或限额，定额就是生产产品和生产消耗之间数量的标准。从广义的角度理解，园林工程定额即园林工程施工中的标准或尺度。具体来讲，园林工程定额是指在正常施工条件下，在施工过程中，为了完成单位园林工程施工作业所必须消耗的人工、材料、器械设备、能源、时间及资金等的标准数量。由于这些消耗受技术水平、组织管理水平及其客观条件的影响，其消耗水平是不相同的。因此，为了统一考核其消耗水平，就需要有一个统一的消耗标准。所谓的正常施工条件，是指施工过程按生产工艺和施工验收规范操作，施工条件完善，劳动组织合理，机械运转正常，材料储备合理等。定额的含义如图1-2所示。

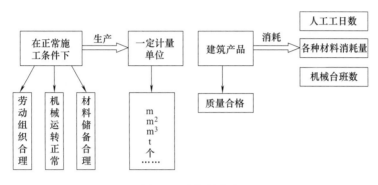

图 1-2　定额的含义

（2）园林工程定额的分类

在园林工程建设过程中，由于使用对象和目的不同，工程定额的分类方法很多。一般情况下根据内容、用途和使用范围的不同，可将其分为以下几类，如图1-3所示。

① 按生产要素分类　生产要素包括劳动者、劳动手段和劳动对象三部分，因此可相应地将定额分为劳动定额（又称人工定额）、材料消耗定额和机械台班使用定额，该三种定额被称为三大基本定额。

a. 劳动定额，是指在正常施工条件下，生产单位合格产品所必须消耗的劳动时间，或者是在单位时间内生产合格产品的数量标准。

b. 材料消耗定额，是指在合理使用材料的条件下，生产单位合格产品所必须消耗的一定品种、规格的原材料、半成品、成品或结构构件的数量标准。

c. 机械台班使用定额，是指在正常施工条件下，利用某种施工机械生产单位合格产品所必须消耗的机械工作时间，或者在单位时间内机械完成合格产品的数量标准。

② 按编制程序和用途分类　园林工程定额根据定额的编制程序和用途不同，可分为工序定额、施工定额、预算定额、概算定额和概算指标。

a. 工序定额，是以最基本的施工过程为标定对象，表示其产品数量与时间消耗关系的定额。工序定额比较细，一般主要在制订施工定额时作为原始资料。

b. 施工定额，主要用于编制施工预算，是施工企业管理的基础。施工定额由劳动定额、材料消耗定额和机械台班使用定额三部分组成。其中，劳动定额又可分为时间定额和产量定额。

c. 预算定额，主要用于编制施工图预算，是确定一定计量单位的分项工程或结构构件的人工、材料、机械台班耗用量及其资金消耗的数量标准。

d. 概算定额，即扩大结构定额，主要用于编制设计概算，是确定一定计量单位的扩大

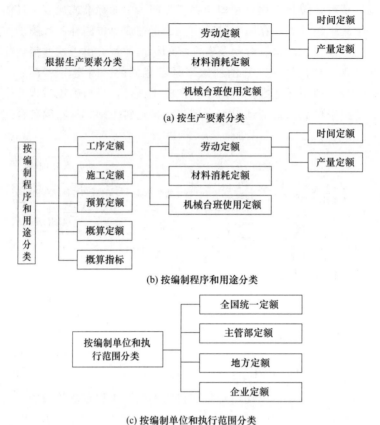

(a) 按生产要素分类

(b) 按编制程序和用途分类

(c) 按编制单位和执行范围分类

图 1-3　定额的不同分类方式

分项工程或结构构件的人工、材料和机械台班耗用量及其资金消耗的数量标准。

e. 概算指标，主要用于投资估算或编制设计概算，是以每个建筑物或构筑物为对象，规定人工、材料或机械台班耗用量及其资金消耗的数量标准。

③ 按编制单位和执行范围分类　按编制单位和执行范围分为全国统一定额、主管部定额、地方定额和企业定额。

a. 全国统一定额，是由国家主管部门或授权单位，综合全国基本建设的施工技术、施工组织管理和生产劳动的一般情况编制并在全国范围内执行的定额。例如 1988 年开始施行的《全国统一仿古建筑及园林工程预算定额》。

b. 主管部定额，是根据各专业生产部生产技术措施的不同所引起的施工生产和组织管理上的不同，参照统一定额水平编制的定额，通常只在本生产部和专业性质相同的范围内执行，如矿井建设工程定额、铁路建设工程定额等。

c. 地方定额，是在综合考虑全国统一定额水平的条件和地区特点的基础上编制的，并只在规定的地区范围内执行的定额。如各省、自治区、直辖市等编制的定额。

d. 企业定额，是指由园林施工企业考察本企业的具体情况和特点，参照统一定额或主管部定额、地方定额的水平而编制的，只在本企业内部使用的定额。它适用于某些园林工程施工水平较高的企业，由于外部定额不能满足其需要而编制。

（3）园林工程定额的作用

园林工程定额是园林工程企业实现科学管理的基础和必备的条件，在企业管理科学化中占有重要的地位。在园林工程建设中，工程定额的主要作用体现在以下方面：

① 是编制地区单位估价表的依据；

② 是编制园林工程施工图预算，合理确定工程造价的依据；

③ 是施工企业编制人工、材料、机械台班需要量计划，统计完成工程量，考核工程成本，实行经济核算的依据；

④ 是建设工程招标、投标中确定标底和标价的主要依据；

⑤ 是建设单位拨付工程价款、进行建设资金贷款和实施竣工结算的依据；

⑥ 是编制概算定额和概算指标的基础资料；

⑦ 是施工企业贯彻经济核算，进行经济活动分析的依据；

⑧ 是设计部门对设计方案进行技术经济分析的工具。

1.2.3.2　工程量清单

工程量清单是指载明建设工程分部分项工程项目、措施项目、其他项目的名称和相应数量以及规费、税金项目等内容的明细清单，包括分部分项工程量清单、措施项目清单、其他项目清单。

（1）工程量清单计价的概述

工程量清单计价是指建设工程招标投标工作中，招标单位按照国家统一的工程量计算规则提供工程量，各投标单位根据自己的实力，按照竞争策略的需要，依据工程量清单自主报价，招标单位根据合理低价的原则定标的一种模式。对招标单位来说，以其他条件相同为前提，则主要看报价。竞争形成的最理想报价是在所有的投标人中报价最低者的合理低价。工程量清单计价具有重要的意义，具体如下。

① 有利于降低工程造价，节约投资。

② 增加招标投标的透明度，体现公平、公开、公正原则。

③ 促进施工企业提高自身实力，采用新技术、新工艺、新材料，努力降低成本，增加利润。

因此，工程量清单计价法是市场经济下一种极重要的计价模式。工程量清单计价办法的主旨就是在全国范围内，统一项目编码、统一项目名称、统一计量单位、统一工程量计算规则。在这"四统一"的前提下，由国家主管职能部门统一编制《建设工程工程量清单计价规范》（GB 50500—2013）作为强制性标准，在全国统一实施。

（2）工程量清单计价的作用

① 提供一个平等的竞争条件。如果采用施工图预算来投标报价，由于设计图纸的缺陷，不同施工企业的人员理解不同，计算出的工程量也不同，报价就更相差甚远，也容易产生纠纷。而工程量清单报价就为投标者提供了一个平等竞争的条件，相同的工程量，由企业根据自身的实力来填不同的单价。投标人的这种自主报价，使得企业的优势体现到投标报价中，可在一定程度上规范建筑市场秩序，确保工程质量。

② 满足市场经济条件下的竞争的需要。招标投标过程就是竞争的过程，招标人提供工程量清单，投标人根据自身情况确定综合单价，利用单价与工程量逐项计算每个项目的合价，再分别填入工程量清单表内，计算出投标总价。单价成为决定性的因素，定高了不能中标，定低了又要承担过大的风险。单价的高低直接取决于企业管理水平和技术水平的高低，这种局面促成了企业整体实力的竞争，有利于我国建设市场的快速发展。

③ 有利于提高工程计价效率，能真正实现快速报价。采用工程量清单计价方式，避免

了传统计价方式下招标人与投标人在工程量计算上的重复工作。各投标人以招标人提供的工程量清单为统一平台，结合自身的管理水平和施工方案进行报价，促进了各投标人企业定额的完善和工程造价信息的积累和整理，满足了现代工程建设中快速报价的要求。

④ 有利于工程款的拨付和工程造价的最终结算。中标后，业主要与中标单位签订施工合同，中标价就是确定合同价的基础，投标清单上的单价就成为拨付工程款的依据。业主根据施工企业完成的工程量，可以很容易地确定进度款的拨付额。工程竣工后，根据设计变更、工程量增减等，业主也很容易确定工程的最终造价，可在某种程度上减少业主与施工单位之间的纠纷。

⑤ 有利于业主对投资的控制。采用现在的施工图预算形式，业主对因设计变更、工程量的增减所引起的工程造价变化不敏感，往往等到竣工结算时才知道这些变更对项目投资的影响有多大，但常常是为时已晚。而采用工程量清单报价的方式则可对投资变化一目了然，在欲进行设计变更时，能马上知道它对工程造价的影响，业主就能根据投资情况来决定是否变更，或进行方案比较以决定最恰当的处理方法。

1.2.3.3 　其他确定依据

除了国家级的工程量清单计价规范和省级的建设工程定额外，还有其他的一些文件也是工程造价计价的重要依据。

（1）工程技术文件

工程技术文件是反映建设工程项目的规模、内容、标准、功能等的文件。只有依据工程技术文件，才能对工程分部分项做出分解，得到计算的基本子项；只有依据工程技术文件及其反映的工程内容和尺寸，才能测算或计算出工程实物量，得到分部分项工程的实物数量。因此，工程技术文件是建设工程投资确定的重要依据。在工程建设的不同阶段所产生的工程技术文件是不同的。

① 在项目决策阶段（包括项目意向、项目建议书、可行性研究等阶段），工程技术文件表现为项目策划文件、功能描述书、项目建议书或可行性研究报告等。此阶段的投资估算主要就是依据上述的工程技术文件进行编制的。

② 在初步设计阶段，工程技术文件主要表现为初步设计所产生的初步设计图纸及有关设计资料。设计概算的编制，主要是以初步设计图纸等有关设计资料作为依据。

③ 在施工图设计阶段，随着工程设计的深入，进入详细设计，工程技术文件又表现为施工图设计资料，包括建筑施工图纸、结构施工图纸、设备施工图纸、其他施工图纸和设计资料。施工图预算的编制必须以施工图纸等有关工程技术文件为依据。

④ 在工程招标阶段，工程技术文件主要以招标文件、工程量清单、招标控制价、建设单位的特殊要求、相应的工程设计文件等来体现。

工程建设各个阶段对应的建设工程投资的差异是由于人们的认识不能超越客观条件而造成的。在建设前期工作中，特别是项目决策阶段，人们对拟建项目的策划难以详尽、具体，因而，对建设工程投资的估算也不可能很精确。随着工程建设各个阶段工作的深化，且越接近后期，掌握的资料越多，人们对工程建设的认识就越接近实际，建设工程投资的估算也就越接近实际投资。由此可见，建设工程投资估算的准确性，影响因素之一就是人们掌握工程技术文件的深度、完整性和可靠性。

（2）要素市场价格信息

人工、材料、施工机械等要素是建设工程造价的主要组成部分，相关要素的价格是影响建设工程造价的关键因素。在确定建设工程造价时，由于要素价格是由市场形成的，所需人工、材料、施工机械等资源的价格也都采自市场，其价格会随着市场的变化而变化。因此，确定建设工程造价必须随时掌握市场价格信息，了解市场价格行情，熟悉市场各类资源的供求变化及价格动态，这样，得到的建设工程造价才能真实反映工程建造所需的费用。工程造价信息分类必须遵循以下基本原则。

① 稳定性。应选择分类对象最稳定的本质属性或特征作为信息分类的基础和标准。信息分类体系应建立在对基本概念和划分对象透彻理解和准确把握的基础上。

② 兼容性。信息分类体系必须考虑到项目各参与方所应用的编码体系的情况。项目信息的分类体系应能满足不同项目参与方高效信息交换的需要。同时，与有关国际、国内标准的一致性也是兼容性应考虑的内容。

③ 可扩展性。信息分类体系应具备较强的灵活性，可以在使用过程中进行方便的扩展，以保证增加新的信息类型时，不至于打乱已建立的分类体系，同时，一个通用的信息分类体系还应为具体环境中信息分类体系的拓展和细化创造条件。

④ 综合实用性。信息分类应从系统工程的角度出发，放在具体的应用环境中进行整体考虑。这体现在信息分类的标准与方法的选择上，应综合考虑项目的实施环境和信息技术工具。

（3）建设工程环境条件

环境和条件的差异或变化会导致建设工程投资大小的变化。工程的环境和条件包括工程地质条件、气象条件、现场环境与周边条件，也包括工程建设的实施方案、组织方案、技术方案等。例如国际工程承包，承包商在进行投标报价时，需通过充分的现场环境、条件调查，来了解和掌握对工程价格产生影响的内容与因素。如工程所在国的政治情况，经济情况，法律情况，交通、运输、通信情况，生产要素市场情况，历史、文化、宗教情况，气象资料、水文资料、地质资料等自然条件，工程现场地形地貌、周围道路、邻近建筑物、市政设施等施工条件及其他条件，工程业主情况、设计单位情况、咨询单位情况、竞争对手情况等。只有在掌握了工程的环境和条件以后，才能做出准确的报价。

1.3 工程量概述

1.3.1 工程量的概念

工程量即工程的实物数量，是以物理计量单位或自然计量单位所表示的各个分项或子分项工程和构配件的数量。

自然计量单位是以物体的自然属性作为计量单位。如灯箱、镜箱、柜台以"个"为计量单位，晒衣架、帘子杆、毛巾架以"根"或"套"为计量单位等。

物理计量单位是以物体的某种物理属性来作为计量单位。如墙面抹灰以"m^2"为计量单位，窗帘盒、窗帘轨、楼梯扶手、栏杆以"m"为计量单位等。

1.3.2 工程量的意义

正确计算工程量，其意义主要表现在以下几个方面。

① 工程计价以工程量为基本依据，因此，工程量计算的准确与否，直接影响工程造价

的准确性以及工程建设的投资控制。

② 工程量是施工企业编制施工作业计划，合理安排施工进度，组织现场劳动力、材料以及机械的重要依据。

③ 工程量是施工企业编制工程形象进度统计报表，向工程建设投资方结算工程价款的重要依据。

1.3.3 工程量计算的依据 （视频 2-工程量计算的依据）

1.3.3.1 施工图纸及配套的标准图集

施工图纸及配套的标准图集是工程量计算的基础资料和基本依据。因为施工图纸全面反映建筑物（或构筑物）的结构构造、各部位的尺寸及工程做法。

1.3.3.2 定额、工程量清单计价规范

根据工程计价的方式不同（定额计价或工程量清单计价），计算工程量应选择相应的工程量计算规则。编制施工图预算，应按预算定额及其工程量计算规则算量。若工程招标投标编制工程量清单，应按相关计价规范中的工程量计算规则算量。

1.3.3.3 施工组织设计或施工方案

施工图纸主要表现拟建工程的实体项目。分项工程的具体施工方法及措施，应按施工组织设计或施工方案确定。如计算挖基础土方，施工方法是采用人工开挖，还是采用机械开挖，基坑周围是否需要放坡、预留工作面或做支撑防护等，应以施工组织设计或施工方案为计算依据。

1.3.4 工程量计算的原则

园林工程工程量计算是指计算园林工程各专业工程分部分项子目的工程数量。为了保证工程量计算的准确，通常要遵循以下原则。

① 计算口径要一致，避免重复和遗漏。计算工程量时，根据施工图列出的分项工程的口径（指分项工程包括的工作内容和范围），必须与预算定额中相应分项工程的口径一致。例如，计算"结合层"项目工程量时，不应另列"刷素水泥浆"项目，以免造成重复计算。相反，分项工程设计中有的工作内容，而相应预算定额中没有包括时，应另列项目计算。

② 工程量计算规则要一致，避免错算。工程量计算必须与预算定额中规定的工程量计算规则（或工程量计算方法）相一致，保证计算结果准确。例如，砌砖工程中，一砖半砖墙的厚度，无论施工图中标注的尺寸是"360"或"370"，都应以预算定额计算规则规定的"365"进行计算。

③ 计量单位要一致。各分项工程量的计量单位，必须与预算定额中相应项目的计量单位一致。例如，预算定额中，栽植绿篱分项工程的计量单位是"延长米"，而不是"株数"，则工程量清单该项目的单位也应是"延长米"。

④ 按顺序进行计算。计算工程量时要按照一定的顺序（自定）逐一进行计算，避免重算和漏算。

⑤ 计算精度要统一。为了计算方便，工程量的计算结果统一要求为除以"个""项"等自然单位为单位取整数、以"t"为单位取三位小数外，其余项目一般四舍五入取两位小数。

⑥ 工程量计算应运用正确的数学公式，不得用近似式或约数。

⑦ 各分项子目的工程量计算式及结果应清楚列在工程量计算表上。工程量计算结果宜

用红笔注出或在数字上画方框，以资识别。

⑧ 工程量计算表应经过仔细审核，确认无误后，再填入园林工程工程量清单表格中。

1.3.5 工程量计算的方法

工程量的计算通常要遵循一定的逻辑顺序。一般来说，可按施工先后顺序、按定额项目的顺序或用统筹法进行计算。

① 按施工先后顺序计算，即按工程施工顺序的先后来计算工程量。计算时，先地下后地上，先底层后上层，先主要后次要。大型和复杂工程应先划分区域，编成区号，分区计算。

② 按定额项目的顺序计算，即按定额所列分部分项工程的次序来计算工程量。计算时按照施工图设计内容，由前到后，逐项对照定额计算工程量。采用这种方法计算工程量，要求熟悉施工图，具有较多的工程设计基础知识，并且要注意施工图中有的项目可能套不上定额项目，应单独列项，以编制补充定额，切记不可因定额缺项而漏项。

③ 用统筹法计算工程量。统筹法计算工程量是根据各分项工程量之间的固有规律和相互之间的依赖关系，运用统筹原理和统筹图来合理安排工程量的计算程序，并按其顺序计算工程量。用统筹法计算工程量的基本要点是：统筹程序、合理安排；利用基数、连续计算；一次计算、多次使用；结合实际、灵活机动。

1.4 园林工程工程量清单计价

1.4.1 工程量清单计价的构成和意义

工程量清单计价是指投标人完成由招标人提供的工程量清单所需的全部费用。在发承包及项目实施阶段，园林工程工程造价应包括分部分项工程费、措施项目费、其他项目费以及规费和税金。

实行工程量清单计价的意义如下。

① 统一计价规则：通过制定统一的建设工程工程量清单计价方法、统一的工程量计量规则、统一的工程量清单项目设置规则，达到规范计价行为的目的。这些规则和办法是强制性的，建设各方面都应该遵守。

② 有效控制消耗量：通过由政府发布统一的社会平均消耗量指导标准，为企业提供一个社会平均尺度，避免企业盲目或随意大幅度减少或扩大消耗量，从而达到保证工程质量的目的。

③ 彻底放开价格：将工程消耗量定额中的工、料、机价格和利润、管理费全面放开，由市场的供求关系自行确定价格。

④ 企业自主报价：投标企业根据自身的技术专长、材料采购渠道和管理水平等，制订企业自己的报价定额，自主报价。企业尚无报价定额的，可参考使用造价管理部门颁布的相关定额。

⑤ 市场有序竞争形成价格：通过建立与国际惯例接轨的工程量清单计价模式，引入充分竞争形成价格的机制，制定衡量投标报价合理性的基础标准。在投标过程中，有效引入竞争机制，淡化标底的作用，在保证质量、工期的前提下，按《中华人民共和国招标投标法》及有关的条例规定，最终以"不低于成本"的合理低价者中标。

1.4.1.1 分部分项工程清单

分部分项工程量清单应包括项目编码、项目名称、项目特征、计量单位和工程量。

分部分项工程量清单应根据《建设工程工程量清单计价规范》（GB 50500—2013）中附录 A～E 规定的统一项目编码、项目名称、计量单位和工程量计算规则进行编制。

（1）项目编码

分部分项工程量清单的项目编码，一至九位应按《建设工程工程量清单计价规范》（GB 50500—2013）中附录 A～E 的规定设置；十至十二位应根据拟建工程的工程量清单项目名称由其编制人设置，并应自 001 起顺序编制。各级编码如图 1-4 所示。

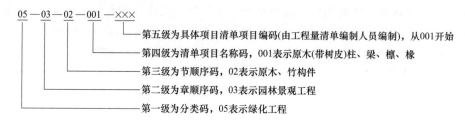

图 1-4　工程量清单项目编码结构

（2）项目名称和项目特征

分部分项工程量清单的项目名称应按下列规定确定。

① 项目名称应按《建设工程工程量清单计价规范》（GB 50500—2013）附录 A～E 规定的项目名称与项目特征并结合拟建工程的实际确定。

② 编制工程量清单，出现《建设工程工程量清单计价规范》（GB 50500—2013）附录 A～E 规定中未包括的项目，编制人可作相应补充，并应报省、自治区、直辖市工程造价管理部门备案。

（3）计量单位

分部分项工程量清单的计量单位应按《建设工程工程量清单计价规范》（GB 50500—2013）附录 A～E 中规定的计量单位确定。

（4）工程量

工程量应按下列规定计算。

① 工程量应按《建设工程工程量清单计价规范》（GB 50500—2013）附录 A～E 中规定的工程量计算规则计算。

② 工程量的有效位数应遵守下列规定：

a. 以"t"为单位，应保留小数点后三位数字，第四位四舍五入；

b. 以"m^3""m^2""m"为单位，应保留小数点后两位数字，第三位四舍五入；

c. 以"个""项"等自然单位为单位，应取整数。

（5）工程内容中未列全的其他具体工程

凡工程内容中未列全的其他具体工程，由投标人按照投标文件或图纸要求编制，以完成清单项目为准，综合考虑到报价中。

分部分项工程量清单应按前述要求填写，具体格式见表 1-1。

表 1-1　分部分项工程量清单与计价表

工程名称：　　　　　　　　　　标段：　　　　　　　　　　第 页 共 页

序号	项目编码	项目名称	项目特征描述	计量单位	工程量	综合单价	合价	其中 暂估价
						金额/元		
1	050101001	砍伐乔木	树干胸径	株	20			
2	050101002	挖树根	地径	株	20			
3								
4								
本页小计								
合计								

1.4.1.2　措施项目清单

措施项目清单应根据拟建工程的具体情况进行列项。编制措施项目清单，出现未列的项目，编制人可以补充。措施项目清单中应填写工程名称、序号及项目名称等，具体格式见表 1-2。综合单价分析表见表 1-3。总价措施项目清单与计价表见表 1-4。

表 1-2　措施项目清单与计价表

工程名称：　　　　　　　　　　标段：　　　　　　　　　　第 页 共 页

序号	项目编码	项目名称	项目特征描述	计量单位	工程量	综合单价	合价	其中 暂估价
						金额/元		
1								
2								
3								
本页小计								
合计								

表 1-3　综合单价分析表

工程名称：　　　　　　　　　　标段：　　　　　　　　　　第 页 共 页

项目编码		项目名称		计量单位		工程量	

清单综合单价组成明细

定额编号	定额项目名称	定额单位	数量	单价/元				合价/元			
				人工费	材料费	机械费	管理费和利润	人工费	材料费	机械费	管理费和利润
人工单价			小计								
元/工日			未计价材料费								
清单项目综合单价											

续表

主要材料名称、规格、型号	单位	数量	单价/元	合价/元	暂估单价/元	暂估合价/元
材料费明细						
其 他 材 料 费			—		—	
材 料 费 小 计			—		—	

注：1. 如不使用省级或行业建设主管部门发布的计价依据，可不填定额编号、名称等。

2. 招标文件提供了暂估单价的材料，按暂估的单价填入表内"暂估单价"栏及"暂估合价"栏。

表 1-4 总价措施项目清单与计价表

工程名称：   标段：   第 页 共 页

序号	项目编码	项 目 名 称	计算基础	费率/%	金额/元	调整费率/%	调整后金额/元	备注
		安全文明施工费						
		夜间施工增加费						
		二次搬运费						
		冬雨季施工增加费						
		已完工程及设备保护费						
合计								

编制人（造价人员）：   复核人（造价工程师）：

注：1. "计算基础"中安全文明施工费可为"定额基价""定额人工费"或"定额人工费＋定额机械费"，其他项目可为"定额人工费"或"定额人工费＋定额机械费"。

2. 按施工方案计算的措施费，若无"计算基础"和"费率"的数值，也可只填"金额"数值，但应在备注栏说明施工方案出处或计算方法。

1.4.1.3 其他项目清单

其他项目清单应根据拟建工程的具体情况，参照下列内容列项：暂列金额、暂估价、材料（工程设备）暂估价/结算价、专业工程暂估价/结算价、计日工、总承包服务费、索赔与现场签证，具体格式见表 1-5。编制其他项目清单，出现未列项目，编制人可作补充。

表 1-5 其他项目清单与计价汇总表

工程名称：　　　　　　　　　　标段：　　　　　　　　　　第　页　共　页

序号	项目名称	金额/元	结算金额/元	备注
1	暂列金额			
2	暂估价			
2.1	材料(工程设备)暂估价/结算价	—		
2.2	专业工程暂估价/结算价			
3	计日工			
4	总承包服务费			
5	索赔与现场签证	—		
	合计			

注：材料（工程设备）暂估单价进入清单项目综合单价，此处不汇总。

1.4.1.4 规费、税金

规费是指按国家法律、法规规定，由省级政府和省级有关权力部门规定必须缴纳或计取的费用。规费的清单列项应该包括社会保险费、住房公积金、工程排污费，社会保险费又包括养老保险费、失业保险费、医疗保险费、工伤保险费、生育保险费。税金是指根据建筑服务销售价格，按规定税率计算的增值税销项税额。

规费和税金的计取标准是依据有关法律、法规和政策规定制定的，具有强制性。投标人是法律、法规和政策的执行者，不能改变，更不能制定，而必须按照法律、法规、政策的有关规定执行。因此，投标人在投标报价时必须按照国家或省级、行业建设主管部门的有关规定计算规费和税金。规费、税金项目计价表的具体格式见表 1-6。

表 1-6 规费、税金项目计价表

工程名称：　　　　　　　　　　标段：　　　　　　　　　　第　页　共　页

序号	项目名称	计算基础	计算基数	计算费率/%	金额/元
1	规费	定额人工费			
1.1	社会保险费	定额人工费			
(1)	养老保险费	定额人工费			
(2)	失业保险费	定额人工费			
(3)	医疗保险费	定额人工费			
(4)	工伤保险费	定额人工费			
(5)	生育保险费	定额人工费			
1.2	住房公积金	定额人工费			
1.3	工程排污费	按工程所在地环境保护部门收取标准,按实计入			

续表

序号	项目名称	计算基础	计算基数	计算费率/%	金额/元
2	税金	分部分项工程费＋措施项目费＋其他项目费＋规费－按规定不计税的工程设备金额			
合计					

编制人（造价人员）：　　　　　　　　　　　　　复核人（造价工程师）：

1.4.2 工程量清单计价

工程量清单计价的基本原理就是以招标人提供的工程量清单为平台，投标人根据自身的技术、财务、管理能力进行投标报价，招标人根据具体的评标细则进行优选，这种计价方式是市场定价体系的具体表现形式。

工程量清单计价的基本过程可以描述为：在统一的工程量计算规则的基础上，制定工程量清单项目设置规则，根据具体工程的施工图纸计算出各个清单项目的工程量，再根据各种渠道所获得的工程造价信息和经验数据计算得到工程造价。这一基本的计算过程如图 1-5 所示。

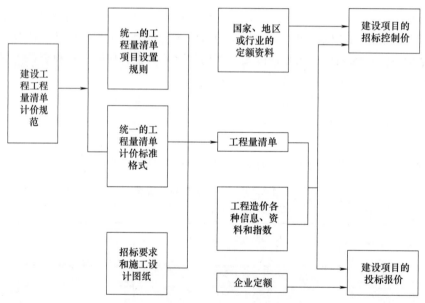

图 1-5　工程造价工程量清单计价示意图

1.4.2.1 一般规定

① 采用工程量清单计价，建设工程造价由分部分项工程费、措施项目费、其他项目费、规费和税金组成。

② 分部分项工程量清单应采用综合单价计价，投标人应按照招标文件的要求，附工程量清单综合单价分析表。

③ 招标文件中的工程量清单标明的工程量是投标人投标报价的共同基础，竣工结算的工程量应按发、承包双方在合同中约定的应予计量且实际完成的工程量确定。

④ 工程量清单与计价表中列明的所有需要填写的单价和合价，投标人均应填写，未填

写单价和合价，视为此项费用已包含在工程量清单的其他单价和合价中。

⑤ 措施项目清单计价应以经审定的拟建工程施工组织设计为根据，对可计算工程量的措施项目，按分部分项工程量清单的方式采用综合单价计价，其余的措施项目要按以"项"为单位的方式计价，包括除规费、税金外的全部费用。

⑥ 措施项目清单中的安全文明施工费，在编制招标控制价、投标报价时，应按照国家或省级、行业建设主管部门的规定计价，不得作为竞争性费用。工程竣工验收合格后，承包人凭《安全文明施工措施评价及费率测定表》测定的费率办理竣工结算。未经现场评价或承包人不能出具《安全文明施工措施评价及费率测定表》的，承包人不得收取安全文明施工措施费。

⑦ 其他项目清单应根据工程特点以及相关规定计价。

⑧ 招标人在工程量清单中提供了暂估价的材料和专业工程属于依法必须招标的，由承包人和招标人共同通过招标确定材料单价与专业工程分包价。

若材料不属于依法必须招标的，经发、承包双方协商确认单价后计价。若专业工程不属于依法必须招标的，由发包人、总承包人与分包人按有关计价依据进行计价。

⑨ 规费和税金应按国家或省级、行业建设主管部门的规定计算，不得作为竞争性费用。

⑩ 采用工程量清单计价的工程，应在招标文件或合同中明确风险内容及其范围（幅度），不得采用无限风险。

1.4.2.2　综合单价的确定

综合单价是指完成一个规定清单项目所需的人工费、材料和工程设备费、施工机械使用费和企业管理费与利润以及一定范围内的风险费用。

综合单价按招标文件中分部分项工程量清单项目的特征描述确定计算。当施工图纸或设计变更与工程量清单的项目特征描述不一致时，按实际施工的项目特征，重新确定综合单价。招标文件中提供了暂估单价的材料，按材料暂估单价进入综合单价。

措施项目费报价的编制应考虑多种因素，除工程本身的因素外，还应考虑水文、地质、气象、环境、安全等因素和施工企业的实际情况。如果有《园林绿化工程工程量计算规范》（GB 50858—2013）附录中未列的措施项目，编制人可进行补充。其综合单价的确定可参见企业定额，或建设行政主管部门发布的系数计算。

在综合单价确定后，投标单位便可以根据掌握的竞争对手的情况和制订的投标策略，填写工程量清单报价格式中所列明的所有需要填报的单价和合价以及汇总表。如果有未填报的单价和合价，视为此项费用已包含在工程量清单的其他单价和合价中，结算时不得追加。

分部分项工程和单价措施项目清单与计价表中每个项目的综合单价的计算结果都需要填综合单价分析表。

1.4.2.3　投标报价的确定

（1）投标报价的概念

投标报价是指投标人在工程招投标活动中，由投标人按照招标文件的要求，根据工程特点，并结合自身的施工技术、机械设备和管理水平，依据有关计价规定自主确定的工程造价。投标报价是投标人对投标工程的期望价格，它不能高于招标人给定的招标控制价。

（2）投标报价的计算程序

投标报价的编制，应首先根据招标人提供的工程量清单编制分部分项工程量清单计价表，措施项目清单计价表，其他项目清单计价表，规费、税金项目清单计划表，计算完毕后，汇总得到单位工程投标报价汇总表，再层层汇总，分别得出单项工程投标报价汇总表和工程项目投标报价汇总表。在编制过程中，投标人应按照招标人提供的工程量清单填报价格。填写的项目编码、项目名称、项目特征、计量单位、工程量必须与招标人提供的一致。

单位工程投标报价的计算程序及公式如下：

① 分部分项工程费＝分部分项工程量×分部分项工程综合单价

② 单价项目措施费＝可计量措施项目工程量×措施项目综合单价

③ 总价项目措施费＝计费基数×费率

④ 其他项目费＝按相关文件及投标人的实际情况进行计算汇总

⑤ 规费＝（分部分项工程费＋措施项目费＋其他项目费）×规费费率

⑥ 税金＝（分部分项工程费＋措施项目费＋其他项目费＋规费）×综合税率

⑦ 单位工程报价总价＝分部分项工程费＋措施项目费＋其他项目费＋规费＋税金

扫码看图片、音/视频

第2章

绿化工程

2.1 绿化工程识图

2.1.1 图例

2.1.1.1 树木的平面图例

园林树木平面图中的树一般采用"图例"概括地表现，见表 2-1。单株植物表示方法是用大小不同的黑点或三角形作为圆心表示树木的定植位置和树干的粗细，用一个圆圈表示树木成龄以后树冠的形状和大小。为了能够更形象地区分不同种类的植物，常使用不同形状的树冠线形。

表 2-1 施工设计图纸的植物图例

序号	名称	图例			说明
		单株		群植	
		设计	现状		
1	常绿针叶乔木	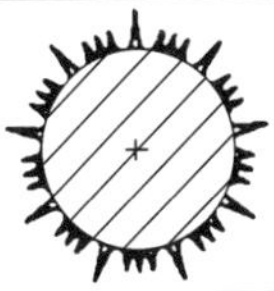		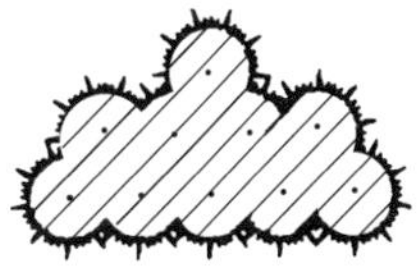	
2	常绿阔叶乔木	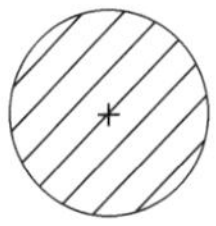			乔木单株冠幅宜按冠幅为 3～6m 绘制，灌木单株冠幅宜按实际冠幅为 1.5～3m 绘制，可根据植物合理冠幅选择大小
3	落叶阔叶乔木	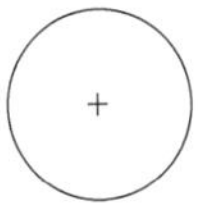			
4	常绿针叶灌木			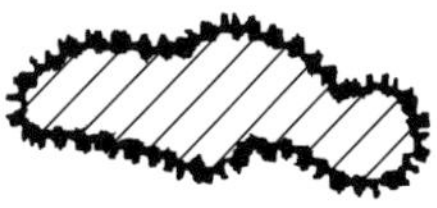	
5	常绿阔叶灌木	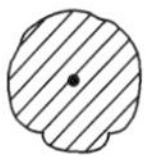		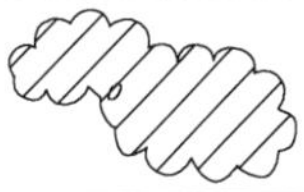	

续表

序号	名称	图例			说明
		单株		群植	
		设计	现状		
6	落叶阔叶灌木				乔木单株冠幅宜按冠幅为3～6m绘制,灌木单株冠幅宜按实际冠幅为1.5～3m绘制,可根据植物合理冠幅选择大小
7	竹类		—		单株为示意;群植范围就是实际分布范围,在群植中用单株图例示意
8	地被				按比例表示植物实际范围
9	绿篱				

2.1.1.2 各类用地图例

各类用地主要包括绿地,村镇、市政等各类用地,花草林用地等,具体图例见表2-2。

表2-2 各类用地图例

序号	名称	图例	说明
1	观赏绿地		—
2	防护绿地		—
3	村镇建设用地		—
4	风景游览用地		—
5	旅游度假用地		—
6	市政设施用地		—

续表

序号	名称	图例	说明
7	农业用地	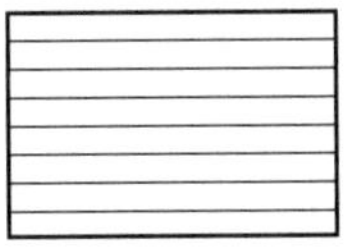	—
8	文物保护用地	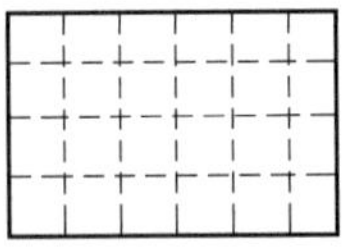	主要表示地面和地下两大类文物保护用地,如果是地下文物保护地,外框则是粗虚线
9	苗圃、花圃用地	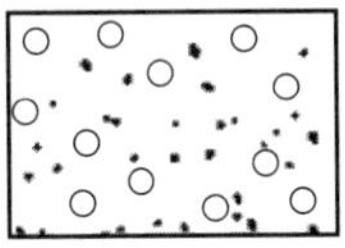	—
10	针叶林地	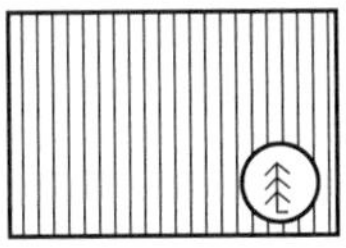	
11	针阔混交林地	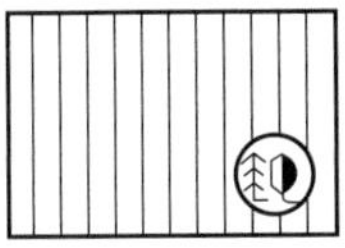	
12	灌木林地	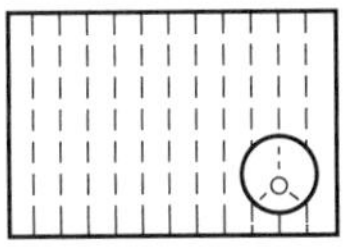	如果要区分天然林地、人工林地,则细线界框表示天然林地,粗线界框表示人工林地
13	竹林地	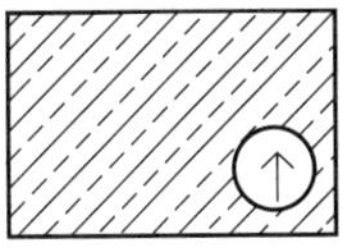	
14	阔叶林地	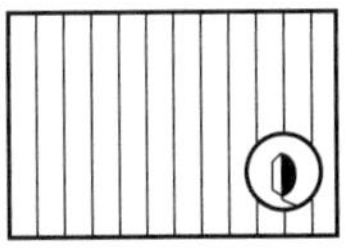	
15	经济林地	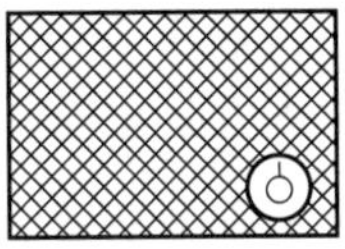	

2.1.2　园林种植设计图的内容与识读

2.1.2.1　园林种植设计图的内容

园林种植设计图(又称园林植物种植设计图)是用相应的平面图例在图纸上表示设计植物的种类、数量、规格、种植位置,根据图纸比例和植物种类的多少在图例内用阿拉伯数字对植物进行编号或直接用文字予以说明的图纸，具体包含的主要内容如下。

（1）苗木表

通常在图面上适当位置用列表的方式绘制苗木统计表，具体统计并详细说明设计植物的编号、图例、种类、规格（包括树干直径、高度或冠幅）和数量等。

（2）施工说明

对植物选苗、栽植和养护过程中需要注意的问题进行说明。

（3）植物种植位置

通过不同图例区分植物种类以及种植位置。如区分乔木（常绿、落叶）、灌木（常绿、落叶）、地被植物（草坪、花卉）。有较复杂植物种植层次或地形变化丰富的区域，还会有立面或剖面图清楚地表达该区植物的形态特点及种植位置。

（4）植物种植点的定位尺寸

种植位置用坐标网格进行控制，还可直接在图纸上用具体尺寸标出株间距、行间距以及端点植物与参照物之间的距离。株行距的单位为"m"，乔灌木可保留小数点后1位，花卉等精细种植宜保留小数点后2位。

（5）植物的标注

植物标注主要分为单株种植植物的标注和群植的标注。

① 单株种植植物的标注：主要表示种植点，然后从种植点做引出线，文字主要由序号、树种、数量组成，如图2-1所示。

② 群植植物的标注：有时候标注种植点，有时候不标注种植点，如图2-2所示，从树冠线作引出线，文字主要有序号、树种、数量、株行距或每平方米株数，序号应与苗木表中的序号相对应。

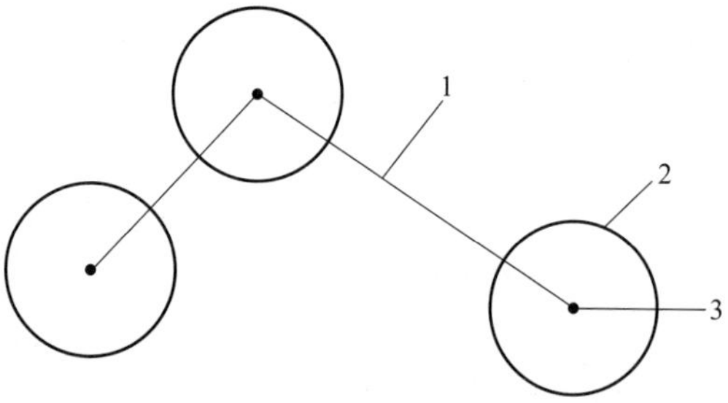

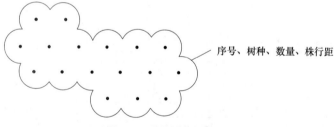

图 2-1　单株种植植物标注

1—种植点连线；2—种植图例；3—序号、树种和数量

图 2-2　群植植物的标注

某些有着特殊要求的植物景观还需给出这一景观的施工放样图和剖面图、断面图。园林植物种植设计图是组织种植施工、编制预算、养护管理及工程施工监理和验收的重要依据，它应能准确表达出种植设计的内容和意图，并且对于施工组织、施工管理以及后期的养护都具有很重要的作用。

2.1.2.2　园林种植设计图的识读

① 看标题栏、比例、指北针（或风玫瑰图）及设计说明。了解工程名称、性质、所处方位（及主导风向），明确工程的目的、设计范围、设计意图，了解绿化施工后应达到的效果。

② 看植物图例、编号、苗木统计表及文字说明。根据图示各植物编号，对照苗木统计表及技术说明了解植物的种类、名称、规格、数量等，核验或编制种植工程预算。

③ 看图示植物种植位置及配置方式。根据图示植物种植位置及配置方式，分析种植设计方案是否合理，植物栽植位置与建筑物、构筑物、市政管线之间的距离是否符合有关设计规范的规定等技术要求。

④ 看植物的种植规格和定位尺寸，明确定点放线的基准。

⑤ 看植物种植详图，明确具体种植要求，组织种植施工。

2.2　绿地整理

2.2.1　砍伐乔木

2.2.1.1　概念

乔木是树干高大的木本植物，其树干和树冠有明显区分。木棉、松树、杉树、白桦等都是乔木。乔木按冬季或旱季落叶与否又分为落叶乔木与常绿乔木。砍伐乔木就是对这些乔木进行砍伐、废弃物运输、场地清理的一系列工作的流程。（音频 1-场地清理）

凡土方开挖深度不大于 50cm 或填方高度较小的土方施工，对于现场及排水沟中的树木应按当地有关部门的规定办理审批手续，如是名木古树必须注意保护，并做好移植工作。伐树时必须连根拔除，清理树墩除用人工挖掘外，直径在 50cm 以上的大树墩可用推土机或用爆破方法清除。建筑物、构筑物基础下土方中不得混有树根、树枝、草及落叶等。

2.2.1.2　施工现场图

砍伐乔木的主要工作内容为砍伐、废弃物运输、场地清理。如图 2-3 所示为已经砍伐倒的乔木。

2.2.1.3　工程量计算规则

按数量计算。

2.2.1.4　案例解读

【例 2-1】某块住宅小区绿地，如图 2-4 所示，面积为 550m²，绿地中三个灌木丛占地面积为 90m²，竹林面积为 45m²，挖出土方量为 35m³。现准备重新整修该绿地，场地需平整且以前所种物要全部更新，已知绿地内土质为普坚土，挖出土方量为 180m³，种入植物后还余 50m³，试计算砍伐乔木及挖树根的工程量。

砍树时，锯口在树木离地面100～200mm处

图 2-3　砍伐乔木

【解】工程量计算规则：按数量计算。

法国梧桐的工程量＝20 株

棕榈的工程量＝15 株

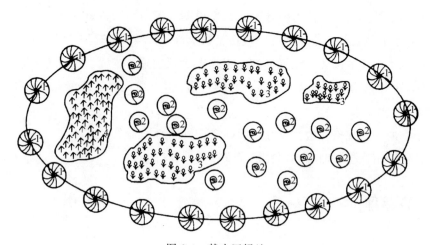

图 2-4 某小区绿地
1—法国梧桐；2—棕榈；3—月季；4—竹子

2.2.2 砍挖灌木丛及根

2.2.2.1 概述

灌木是指那些没有明显的主干、呈丛生状态的树木，一般可分为观花、观果、观枝干等几类。常见灌木有玫瑰、杜鹃、牡丹、女贞、小檗、黄杨、沙地柏、铺地柏、连翘、迎春、月季等。砍挖灌木丛及根指的是对施工用地范围内的一些灌木丛进行砍伐和挖根。砍挖灌木丛及根的工作内容主要是砍挖、废弃物运输、场地清理。

砍挖灌木丛前应进行场地清理，场地清理的要点如下。

① 拆除所有弃用的建筑物和构筑物以及所有无用的地表杂物。

② 拆除原有架空电线、埋地电缆、自来水管、污水管、煤气管等，必须先与有关部门取得联系，办理好拆除手续之后才能进行。

③ 只有在电源、水源、煤气等截断以后，才能对房屋进行拆除。

④ 对现场中原有的树木，要尽量保留。特别是大树古木和成片的乔木树林，更要妥善保护，最好在外围采取临时性的围护隔离措施，保护其在工程施工期间不受损害。对原有的灌木，则可视具体情况，或是保留，或是移走，甚至是为了施工方便而砍去，可灵活掌握。

2.2.2.2 施工

工程开工时，首先做好施工前的技术及安全交底工作。围护的搭设、临时施工的布置符合有关标准和要求。按计划组织机械设备和施工队伍进场。合理安排施工，树木移栽、砍挖及各种机械设备专业施工默契配合、协调一致，保证工程如期高效优质完成。

如图 2-5 所示为工作人员正在进行砍挖灌木丛的工作。

2.2.2.3 工程量计算规则

① 以"株"计量，按数量计算。

② 以"m²"计量，按面积计算。

2.2.2.4 案例解读

【例 2-2】 某公园绿地准备重新整理，内容包括树、树根、灌木丛、竹根、芦苇根、草

图 2-5　砍挖灌木丛

皮的清理，原灌木丛面积大概 $30m^2$，试计算砍挖灌木丛的工程量。

【解】　工程量计算规则：按面积计算。

砍挖灌木丛的工程量＝$30m^2$

2.2.3　清除草皮 （视频 1-草皮的种类）

2.2.3.1　概念

清除草皮，顾名思义就是去掉草地上的草皮。清除草皮的主要内容是除草、废弃物运输、场地清理。清除草皮及地被植物是为了便于土地的耕翻与平整，但更主要的是为了在种草前彻底消灭杂草，避免草坪建成后杂草与草坪争水分、养料。清除草皮及地被植物的方法主要有人工除草、机械除草、化学除草三种，其特点见表 2-3。

表 2-3　人工除草、机械除草、化学除草的特点

方法	特点
人工除草	人工除草是农业上最古老的一种除草方式,仅除草使用的手锄,据考证已有 3000 年以上的历史,但目前不论在农业、林业还是园林中,仍被广泛应用。人工除草灵活方便,适应性强,适合于各种作业区域,而且较少发生各类安全事故。但人工除草效率低,劳动强度大,除草质量差,对苗木伤害严重,极易造成苗木染病
机械除草	机械除草目前广泛使用的工具是各种类型的手扶园艺拖拉机,也有少部分地区使用高地隙中大型拖拉机进行除草。它可以代替部分笨重体力劳动,且工作效率较高,尤其在春秋季节,疏松土壤有利于提高地温。但是机械除草,株间是除不到的,而株间的杂草由于距苗根较近,对苗木的生产影响也较大。而且在雨期气温高、湿度大的杂草生长旺季,由于土壤含水量过高,机械不能进田作业
化学除草	化学除草是通过喷洒化学药剂达到杀死杂草或控制杂草生长目的的一种除草方式,具有简便、及时、有效期长、效果好、成本低、便于机械化作业等优点。但化学除草是一项专业技术性很强的工作,它要求有化学农药知识、杂草专业知识、育苗栽培知识,另外还要懂得土壤、肥料、农机等专业知识。尤其是园林苗圃,涉及树种、繁殖方法类型多,没有一定的技术力量,使用、推广化学除草是极易发生事故的。因此,使用、推广时必须遵循从小规模开始、先易后难、由浅入深的原则,逐步推广,而且要将实际情况做详细记录,以便不断总结经验,推动化学除草方法的改进

2.2.3.2　施工现场图

如图 2-6 所示为人工除草，化学除草如图 2-7 所示。

图 2-6　人工除草

图 2-7　化学除草

2.2.3.3　工程量计算规则

按面积计算。

2.2.3.4　案例解读

【例 2-3】　某园林工程建设公司接了一个高速服务区的绿化工程，如图 2-8 所示，需要对该地做清除草皮的工作，试根据图中所示的信息计算其工程量。

【解】　工程量计算规则：按面积计算。

$$S=(10+2+0.9)\times4+10\times$$

$$(4.5+2)+\frac{1}{2}\times(2\times2)=118.6（\mathrm{m^2}）$$

【小贴士】　式中，S 为清除草皮的工程量，即①＋②＋③的面积（$\mathrm{m^2}$）；$(10+2+0.9)\times4$ 为①的面积（$\mathrm{m^2}$）；$10\times(4.5+2)$ 为②的面积（$\mathrm{m^2}$）；$\frac{1}{2}\times(2\times2)$ 为③的面积（$\mathrm{m^2}$）。

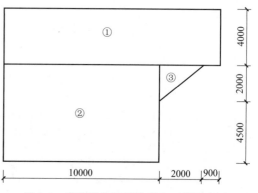

图 2-8　高速服务区清除草皮工程示意图

2.2.4　屋面清理

2.2.4.1　概念

屋面也称屋盖，是房屋最上部的围护结构，它可以抵抗自然界的雨、雪、风、霜、太阳辐射、气温变化等不利因素的影响，保证建筑内部有一个良好的使用环境；屋面也是房屋顶部的承重结构，它承受屋面自重、风雪荷载以及施工和检修屋面的各种荷载；同时，屋面的不同形式还是体现建筑风格的重要手段。屋面清理就是屋顶绿化施工前对屋面进行清理，将表面浮浆杂物彻底清除，保证干燥无积水。

2.2.4.2　施工现场图

屋面清理的工作内容：原屋面清扫、废弃物运输、场地清理。如图 2-9 所示为已清理完成的屋面（需要施工的部分），需保证没有杂草和垃圾，接着就可以进行屋顶花园基底的施工。

图 2-9　已清理完成的屋面

2.2.4.3　工程量计算规则

按设计图示尺寸以面积计算。

2.2.4.4　案例解读

【例 2-4】　某屋顶花园工程的屋面平面示意图如图 2-10 所示，该屋面为一个不太规则的屋面，各尺寸在图中已标出，试计算屋面清理的工程量。

【解】　工程量计算规则：按设计图示尺寸以面积计算。

$$S = 4 \times 3.6 - 1.8 \times 0.8 = 12.96 \ (\text{m}^2)$$

2.2.5　种植土回（换）填

2.2.5.1　概念

种植土回（换）填的工作内容为土方挖及运、回填、找平、找坡以及最后的废弃物运输。种植土宜选用土质疏松的地表土，土壤透水性好，土

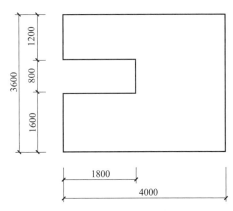

图 2-10　屋面平面示意图

中不能有建筑垃圾、草根，土中的石块含量小于 10%，并控制石块直径，其中泥岩小于 15cm、砂岩小于 10cm。种植土的厚度控制在 60cm，种植土回填完成后的标高与设计图标高的误差控制在 ±10cm 以内。

2.2.5.2 施工现场图

如图 2-11 所示为道路绿化带内的种植土回（换）填。

图 2-11 种植土回（换）填

2.2.5.3 工程量计算规则

（1）计算规则

① 以"m³"计量，按设计图示回填面积乘以回填厚度以体积计算。

② 以"株"计量，按设计图示数量计算。

（2）计算公式

$$工程量＝回填面积×回填土厚度 \qquad (2-1)$$

或

$$工程量＝图示数量 \qquad (2-2)$$

2.2.6 整理绿化用地

2.2.6.1 概念

园林绿化所用的土地，都要通过征用、征购或内部调剂来解决，特别是大型综合性公园，征地工作就是园林工程开始之前最重要的事情。不论采取什么方式获得土地，都要做好征地后的拆迁安置、退耕还绿和工程建设宣传工作。土地一经征用，就应尽快设置围墙、篱栅或临时性的围护设施，把施工现场保护起来。在进行绿化施工之前，绿化用地上所有建筑垃圾和杂物，都要清除干净。已经确定的绿化用地范围，施工中最好不要临时挪作他用，特别是不要作为建筑施工的备料、配料场地使用，以免破坏土质。若作为临时性的堆放场地，也要求堆放物对土质无不利影响。若土质已遭碱化或其他污染，要清除恶土，置换肥沃土。

2.2.6.2 施工

整理绿化用地的工作内容为：排地表水，土方挖、运、耙细、过筛，回填，找平、找坡，拍实，废弃物运输。其中主要牵扯到挖方土和填方土的使用。在土方调配图中，一般都按照就近挖方、就近填方的原则，采取土石方就地平衡的方式。土石方就地平衡可以极大地减小土方的搬运距离，从而能够节省人力，降低施工费用。

转运土方主要有以下两种方法。

（1）人工转运土方

人工转运土方一般为短途的小搬运。搬运方式有用人力车拉、用手推车推或由人力肩挑背扛等，这种转运方式在有些园林局部或小型工程施工中常采用。

（2）机械转运土方

机械转运土方通常为长距离运土或工程量很大时的运土，运输工具主要是装载机和汽车。根据工程施工特点和工程量大小的不同，还可采用机械和人工相结合的方式转运土方。另外，在土方转运过程中，应充分考虑运输路线的安排、组织，尽量使路线最短，以节省运力。土方的装卸应有专人指挥，要做到运土路线顺畅、卸土位置准确，能够避免混乱和窝工。汽车长距离转运土方需要经过城市街道时，车厢不能装得太满，在驶出工地之前应当将车轮粘上的泥土全扫掉，不得在街道上撒落泥土、污染环境。

场地平整要考虑满足总体规划、生产施工工艺、交通运输和场地排水等要求，并尽量使土方的挖填平衡，减少运土量和重复挖运。大面积平整土方宜采用机械进行，如用推土机、铲运机推运平整土方，有大量挖方应用挖土机等进行，在平整中要交错用压路机压实。按设计或施工要求范围和标高平整场地，将弃土弃到规定弃土区。凡在施工区域内，影响工程质量的软弱土层、淤泥、腐殖土、大卵石、孤石、垃圾、树根、草皮以及不宜作填土和回填土料的稻田湿土，应分情况采取全部挖除或设排水沟疏干，抛填块石、砂砾等方法进行妥善处理，如图 2-12 所示。

绿化工程中的人工整理绿化用地就好比是建筑工程的平整场地一样，在自然地坪与设计地坪相差在 ±300mm 时用人工整理，大于 300mm 时按挖填方施工

图 2-12　整理绿化用地

2.2.6.3　工程量计算规则

（1）计算规则

按设计图示尺寸以面积计算。整理绿化用地项目包含厚度≤300mm 的回填土，厚度＞300mm 的回填土应按照现行国家标准《房屋建筑与装饰工程工程量计算规范》（GB 50854—2013）相应项目编码列项。

（2）计算公式

$$工程量＝整理实际面积 \tag{2-3}$$

2.2.6.4 案例解读

【例 2-5】 某公园有一块不太规则的绿化用地，外观如图 2-13 所示。已知该绿化用地土壤为二类土，需整理厚度为±250mm。试计算整理绿化用地工程量。

【解】 工程量计算规则：按设计图示尺寸以面积计算。

$$S=(3.5+3)\times 6.8-3.5\times 2.1\times \frac{1}{2}=40.525 \text{（m}^2\text{）}$$

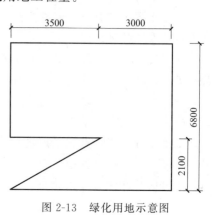

图 2-13 绿化用地示意图

2.2.7 绿地起坡造型

2.2.7.1 概念

绿地起坡造型的主要工作内容为：排地表水，土方挖、运、耙细、过筛，回填，找平，找坡，废弃物运输。

2.2.7.2 绿地起坡造型图

如图 2-14 所示为已经施工好的绿地起坡造型。

2.2.7.3 工程量计算规则

（1）计算规则

按设计图示尺寸以体积计算。

（2）计算公式

工程量＝起坡面积×起坡厚度 （2-4）

2.2.7.4 案例解读

【例 2-6】 某公共绿地，因工程建设需要，需进行重建。绿地面积为 300m²，原有 18 株乔木需要伐除，其胸径 18cm、地径 25cm；绿地需要进行土方堆土造型计 180m²，平均堆土高度 60cm。试计算该绿

图 2-14 绿地起坡造型

化工程分部分项工程工程量。（音频 2-公共绿地）

【解】 砍伐乔木工程量＝18 株

整理绿化用地工程量＝300m²

绿地起坡造型工程量＝180×0.6＝108（m³）

2.2.8 屋顶花园基底处理

2.2.8.1 概念

主要工作内容：抹找平层、防水层铺设、排水层铺设、过滤层铺设、填轻质土壤、阻根层铺设、运输。

屋顶花园基底处理施工前，对屋顶要进行清理，平整顶面，有龟裂或凹凸不平之处应修补平整，有条件铺设一层水泥砂浆更好。若原屋顶为预制空心板，先在其上铺三层沥青、两层油毡作隔水层，以防渗漏。屋顶花园绿化种植区构造如图 2-15 所示。

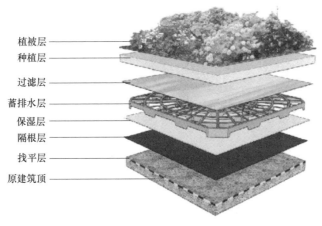

图 2-15 屋顶花园绿化种植区构造

2.2.8.2 施工现场图

（1）铺设隔根层

隔根层如图 2-16 所示，一般选用高密度聚氯乙烯（HDPE）防渗隔根膜或改性沥青耐根穿刺防水卷材，兼具阻根和防水功能，热熔施工。

（2）铺设保湿毯

保湿毯能减少地表水分的蒸发，防止水土流失，为植物创造适宜生存的环境，还可以降低风沙、雨水等不利因素对植物和土壤的危害，为植物的生长保驾护航。在降雨量较大的地方铺设保湿毯，可以防止种子被雨水冲刷掉。保湿毯的铺设如图 2-17 所示。

图 2-16 隔根层

图 2-17 铺设保湿毯

（3）铺设蓄排水板

蓄排水板是采用高密度聚乙烯（HDPE）或聚丙烯（PP）经加热加压定型形成的一种轻型板材。它既能营造具有一定立体空间支撑刚度的排水通道，又可蓄水。在施工时，只需将蓄排水板拼接在一起即可，如图 2-18 所示。

（4）铺设过滤层

花园式屋顶绿化宜采用双层材料组成的

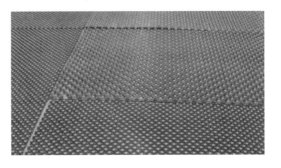

图 2-18 铺设蓄排水板

卷状材料作为过滤层；简单式屋顶绿化宜采用单层卷状材料作为过滤层。过滤层材料的互相搭接宽度不应小于150mm。过滤层应沿种植基质周边向上卷起，至与种植基质同一高度并固定。图2-19为过滤层的铺设。

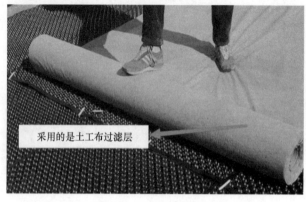

图2-19　过滤层的铺设

（5）绿化植物种植

应注意种植植物在承重结构上的荷载分布。图2-20所示为屋顶绿化植物种植池的处理方法示意图。

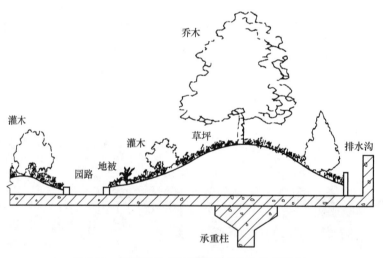

图2-20　屋顶绿化植物种植池处理方法示意图

2.2.8.3　工程量计算规则

按设计图示尺寸以面积计算。

2.2.8.4　案例解读

【例2-7】　如图2-21所示为某屋顶花园基底施工示意图，其中找平层厚165mm，防水层厚150mm，过滤层厚70mm，需填轻质土壤厚160mm。试计算屋顶花园基底处理工程量。

【解】　工程量计算规则：按设计图示尺寸以面积计算。

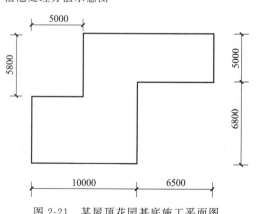

图2-21　某屋顶花园基底施工平面图

$$S = (5+6.8) \times (10+6.5) - 5 \times 5.8 - 6.5 \times 6.8$$
$$= 194.7 - 29 - 44.2$$
$$= 121.5 \ (\text{m}^2)$$

2.3　栽植花木

2.3.1　栽植灌木

2.3.1.1　概述

栽植灌木规格为苗木高 1m 左右，有主干或主枝 3～6 个，分布均匀，根际有分枝，冠形丰满。

风景树丛一般是用几株或十几株乔木灌木配置在一起，树丛可以由 1 个树种构成，也可以由 2 个以上直至七、八个树种构成。选择构成树丛的材料时，要注意选树形有对比的树木，如柱状的、伞形的、球形的、垂树形的树木，各种都要有一些，在配成完整树丛时观赏性才更佳。一般来说，树丛中央要栽植最高的和直立的树木，树丛外沿可配较矮的和伞形、球形的植株。树丛中个别树木采取倾斜姿势栽种时，一定要向树丛以外倾斜，不得反向向树丛中央斜去。树丛内最高最大的主树，不可斜栽。树丛中植株间的株距不应一致，要有远有近，有聚有散。栽得最密时，可以土球挨着土球栽，不留间距。

2.3.1.2　施工现场图

栽植灌木的工作内容为起挖、运输、栽植、养护。图 2-22 所示为人工栽植灌木。

图 2-22　人工栽植灌木

2.3.1.3　工程量计算规则

（1）计算规则

① 以"株"计量，按设计图示数量计算。

② 以"m²"计量，按设计图示尺寸以绿化水平投影面积计算。

（2）计算公式

$$\text{工程量} = \text{图示数量（株）} \tag{2-5}$$

或

$$\text{工程量} = \text{绿化水平投影面积（m}^2\text{）} \tag{2-6}$$

2.3.1.4 案例解读

【例2-8】 某高校局部绿化设计图，如图2-23所示，其中整理绿化用地为860m²，有茶花丛180m²，草地面积为650m²，试计算栽植灌木的工程量。

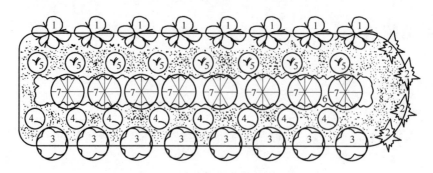

图2-23 某高校局部绿化设计图

1—合欢；2—桧柏；3—夹竹桃；4—法国梧桐；5—栀子花（80m²）；

6—茶花（180m²）；7—油松；8—黑麦草

【解】 工程量计算规则：以"株"计量，按设计图示数量计算。

栀子花的工程量＝8株

以"平方米"计量，按设计图示尺寸以绿化水平投影面积计算。

栽植灌木的工程量＝80m²

2.3.2 栽植竹类

2.3.2.1 概述

竹类属于禾本常绿植物，茎圆柱形或微呈四方形，中空、有节，叶子有平行脉，嫩芽叫笋。竹的种类很多，有毛竹、桂竹、刚竹、罗汉竹等。

（1）运输

短距离搬运母竹时无需包装，但应防止鞭茎上的鞭芽及根蒂受伤以及宿土脱落。在搬运时竹竿宜直立。如将杆部放置肩上背扛母竹，易使根蒂受伤、宿土脱落。远程运输时，母竹必须用草包或蒲包滑鞭包扎。装卸时应防止损伤。运输时间越短越好，运到后应立即栽植。

（2）栽植

① 散生竹母竹的栽植：母竹运到造林地后，应立即栽植。在已经整地的穴上，先将表土垫于穴底，一般厚度10～15cm。然后，解去捆扎母竹的稻草，将母竹放入穴中，使鞭根舒展，下部与土密接，先填表土，后填心土（除去土中石块、树根等），分层踏实，使鞭根与土壤密接。填土时要防止踏伤鞭根和笋芽。在天气干旱或土壤干燥的地方，还要先行适当灌水，再行覆土。覆土深度比母竹原来入土部分稍深3～5cm，上部培成馒头形，加盖一层松土，周围开好排水沟，以免积水烂鞭。

② 丛生竹母竹的栽植：丛生茎竹类对土壤及地势的要求与散生茎竹类相似。宜选择土质松软肥沃、排水条件较好且湿润的砂质壤土。一般竹种多属于浅根性，缺乏由茎根发育的主根，常易被风吹倒，故宜栽植于东南向或南向。西向因阳光强烈，易影响笋的生长。

2.3.2.2 施工现场图

栽植竹类的工作内容为起挖、运输、栽植、养护。图2-24所示为栽植竹类现场图。

"种竹无时，雨后便移"，只要保证母竹质量，精心管理、保持水分平衡，一年中除炎热的三伏天和严寒的三九天外，其余时间均可栽种

图 2-24　栽植竹类

2.3.2.3　工程量计算规则

按设计图示数量计算。

2.3.3　栽植绿篱

2.3.3.1　概述

绿篱又称植篱或树篱，其功能与作用是包围和防范，或用来分隔空间、作为屏障以及美化环境等。

（1）适于配植各种绿篱的树种如下。

① 绿篱。女贞、小蜡、大叶黄杨、黄杨、千头柏等。

② 彩叶篱。金心黄杨、紫叶小檗、洒金千头柏、金叶女贞、油茶、月季、杜鹃、六月雪、榆叶梅、麻叶绣球、笑靥花、溲疏、木槿、雪柳等。

③ 果篱。紫珠、南天竹、枸杞、枸骨、火棘等。

④ 刺篱。枸橘（枳）、柞木、花椒、云实、小檗、马甲子、刺柏、椤木石楠等。

（2）绿篱的分类如下。

① 按高度分：高篱（1.2m 以上）、中篱（0.6～1.2m）和矮篱（0.6m 以下）。

② 按树种习性分：常绿绿篱和落叶绿篱。

③ 按形式分：自然式和规则式。

④ 按观赏性质分：花篱、果篱、刺篱、绿篱等。

（3）根据人们的不同要求，绿篱可修剪成以下几种不同的形式。

① 梯形绿篱。这种篱体上窄下宽，有利于地基部侧枝的生长和发育，不会因得不到光照而枯死稀疏。

② 矩形绿篱。这种篱体造型比较呆板，顶端容易积雪而受压变形，下部枝条也不易接收到充足的光照，以致部分侧枝枯死而稀疏。

③ 圆顶绿篱。这种篱体适合在降雪量大的地区使用，便于积雪向地面滑落，防止积雪将篱体压变形。

④ 自然式绿篱。灌木或小乔木在密植的情况下，如果不进行规整式修剪，常长成这种形态。

2.3.3.2 栽植方法

（1）栽植单行绿篱

绿篱栽植时，先按设计的位置放线，绿篱中心线距道路的距离应等于绿篱养成后宽度的一半。绿篱栽植一般用沟植法，即按行距的宽度开沟，沟深应比苗根深30～40cm，以便换土施肥，栽植后即日灌足水，次日扶正踩实，并保留一定高度将上部剪去。

（2）栽植双行绿篱

栽植绿篱时，栽植位点有矩形和三角形两种排列方式，株行距视苗木树冠而定。一般株距在20～40cm，最小可为15cm，最大可达60cm（如珊瑚树绿篱）。行距可和株距相等，也可略小于株距。一般的绿篱多采用双行三角形栽种方式，但最窄的绿篱则要采取单行栽种方式，宽的绿篱也有栽成5～6行的。苗木一棵棵栽好后，要在根部均匀地覆盖细土，并用锄把插实；之后，还应全面检查一遍，发现有歪斜的应及时扶正。绿篱的种植沟两侧，要用余下的土做成直线形围堰，以便于拦水。土堰做好后，浇灌定根水，要一次浇透。

绿篱用苗要求下部枝条密集，为达到这一目的，应在苗木出圃的前一年春季剪梢，促使其下部多发枝条。用作绿篱的常绿树，如桧柏、侧柏的土球直径，可比一般常绿树的小一些（土球直径可按树高的1/3来确定），栽植绿篱，株行距要均匀，丰满的一面要向外，树冠的高矮和冠丛的大小，要搭配均匀合理。栽植深浅要合适，一般树木应与原土痕印相平，速生杨、柳树可较原土痕印深栽3～5cm。

2.3.3.3 施工现场图

在栽植绿篱前，需要先进行绿篱放线，如图2-25所示。定位放线结束后，就可以进行绿篱栽植了，如图2-26所示。

白色线条即为定位放线

图2-25 绿篱放线

根据定位放线栽植完成后的绿篱

图2-26 绿篱栽植

2.3.3.4 工程量计算规则

① 以"m"计量，按设计图示长度以延长米计算。

② 以"m^2"计量，按设计图示尺寸以绿化水平投影面积计算。

2.3.3.5 案例解读

【例2-9】 如图2-27所示为某地绿篱，由两组相同的半圆组成。绿篱为双行，高45cm，试求其工程量（以延长来计算）。

图 2-27 某地绿篱示意图

【解】 工程量计算规则：以"m"计量，按设计图示长度以延长米计算。

$$L = \pi R \times 2 \times 2 = 3.14 \times 6 \times 2 \times 2 = 75.36 \text{ （m）}$$

【例 2-10】 某公园栽植绿篱大叶黄杨，如图 2-28 所示。篱高 0.45~0.6m，共 2 行，分别为主入口处一行，次入口处一行，尺寸如图 2-28 所示，请根据图中给出的已知条件，求栽植绿篱的工程量（养护期 2 年）。

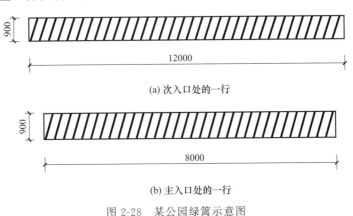

图 2-28 某公园绿篱示意图

【解】 （1）按设计图示长度计算工程量

$$L = 12 + 8 = 20 \text{ （m）}$$

（2）按设计图示面积计算工程量

$$S = (12 + 8) \times 0.9 = 18 \text{ （m}^2\text{）}$$

2.3.4 栽植攀缘植物

2.3.4.1 概述

攀缘植物自身不能直立生长，需要依附它物。由于适应环境而长期演化，形成了不同的攀缘习性，攀缘能力各不相同，因而有着不同的园林用途。通过对攀缘习性的研究，可以更好地为不同的垂直绿化方式选择适宜的植物材料。据研究，攀缘植物主要依靠自身缠绕或具有特殊的器官而攀缘。有些植物具有两种以上的攀缘方式，称为复式攀缘，如倒地铃既有卷须又能自身缠绕其他支持物。

绿化工程中常用的攀缘植物有以下几类。

① 缠绕类。依靠自身缠绕支持物而攀缘。常见的有紫藤属、崖豆藤属、木通属、五味

子属、铁线莲属、忍冬属、猕猴桃属、牵牛属、月光花属、茑萝属等以及乌头属、茄属等的部分种类。缠绕类植物的攀缘能力都很强。

②卷须类。依靠卷须攀缘。其中大多数种类具有茎卷须，如葡萄属、蛇葡萄属、葫芦科、羊蹄甲属等的部分种类。有的为叶卷须，如炮仗藤和香豌豆的部分小叶变为卷须，菝葜属的叶鞘先端变成卷须，而百合科的嘉兰和鞭藤科的鞭藤则由叶片先端延长成一细长卷须，用以攀缘。牛眼马钱的部分小枝变态为螺旋状曲钩，应是卷须的原始形式；珊瑚藤则由花序轴延伸成卷须。尽管卷须的类别、形式多样，但这类植物的攀缘能力都较强。

③吸附类。依靠吸附作用而攀缘。这类植物具有气生根或吸盘，均可分泌黏胶将植物体黏附于支持物之上。爬山虎属和崖爬藤属的卷须先端特化成吸盘，如图 2-29 所示；常春藤属、络石属、凌霄属、榕属、球兰属及天南星科的许多种类则具有气生根。此类植物大多攀缘能力强，尤其适于墙面和岩石的绿化。

图 2-29　攀缘植物（爬山虎）

④蔓生类。此类植物为蔓生悬垂植物，无特殊的攀缘器官，仅靠细柔而蔓生的枝条攀缘，有的种类枝条具有倒钩刺，在攀缘中起一定作用，个别种类的枝条先端偶尔缠绕，主要有蔷薇属、悬钩子属、叶子花属、胡颓子属的种类等。相对而言，此类植物的攀缘能力最弱。

2.3.4.2　栽植方法

攀缘植物的栽植应当按下述方法处理。

（1）起挖、运输

攀缘植掘苗，分为带土球与不带土球两类。然后将掘出的植株进行合理的包装，装车运输到种植地点种植。

（2）植物材料处理

用于棚架栽种的植物材料，若是藤本植物，如紫藤、常绿油麻藤等，最好选一根独藤长 5m 以上的；如果是木香、蔷薇之类的攀缘类灌木，因其多为丛生状，要下决心剪掉多数的丛生枝条，只留 1～2 根最长的茎干，以集中养分供应，使今后能够较快地生长，较快地使枝叶盖满棚架。

（3）种植槽、穴准备

在花架边栽植藤本植物或攀缘灌木，种植穴应当确定在花架柱子的外侧。穴深 40～60cm，直径 40～80cm，穴底应垫一层基肥并覆盖一层壤土，然后才栽种植物。不挖种植穴，而在花架边沿用砖砌槽填土，作为植物的种植槽，也是花架植物栽植的一种常见方式。种植槽净宽度为 35～100cm，深度不限，但槽顶与槽外地坪之间的高度应控制在 30～70cm 为好。种植槽内所填的土壤要用肥沃的栽培土。

（4）栽植

攀缘植物的地面栽植程序第一步是定点放样。大量栽种的，需要根据事先绘制的设计图纸，用石灰粉在定点位置做出标志。零星种植的可以不经过此步骤，现场决定种植点。在定植穴中填些好土，把苗木竖置于穴中，根茎与地面平，边培土边以脚踏实。应注意带土球的苗木种植时要小心勿使土球松散，裸根苗要在培土时轻轻抖动，略为提起向上，使根在土中舒展。草本攀缘植物的种苗种植时，只需在整好的地上用种花刀边挖浅穴边种，用种花刀柄在四周轻轻压实即可。

（5）养护

在藤蔓枝条生长过程中，要随时抹去花架顶面以下主藤茎上的新芽，剪掉其上萌生的新枝，促使藤条长得更长，藤端分枝更多。对花架顶上藤枝分布不均匀的，要做人工牵引，使其排布均匀。以后每年还要进行一定的修剪，剪掉病虫枝、衰老枝和枯枝。

2.3.4.3　工程量计算规则

① 以"株"计量，按设计图示数量计算。

② 以"m"计量，按设计图示种植长度以延长米计算。

2.3.4.4　案例解读

【例 2-11】　如图 2-30 所示，攀缘植物紫藤共 6 株，试求其工程量。

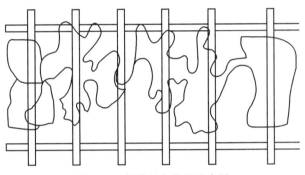

图 2-30　攀缘植物栽植示意图

【解】　工程计算规则：以"株"计量，按设计图示数量计算。

攀缘植物紫藤的工程量＝6 株

2.3.5　栽植色带

2.3.5.1　概述

色带是一定地带同种或不同种花卉及观叶植物配合起来所形成的具有一定面积的有观赏价值的风景带。栽植色带最需要注意的是，将所栽植苗木栽成带状，并且配置有序，使之具有一定的观赏价值。色带苗木包括花卉及常绿植物。

栽植色带时，一般选用 3～5 年生的大苗造林，只有在人迹较少，且又允许造林周期拖长的地方，造林才可选用 1～2 年生小苗或营养杯幼苗。栽植时，按白灰点标记的种植点挖穴、栽苗、填土、插实、做围堰、灌水。栽植完毕后，最好在色带的一侧设立临时性的护栏，阻止行人横穿色带，保护新栽的树苗。

2.3.5.2　施工现场图

图 2-31 为工人们正在栽植色带。

2.3.5.3　工程量计算规则

按设计图示尺寸以绿化水平投影面积计算。

2.3.5.4　案例解读

【例 2-12】　如图 2-32 所示为某小区绿化中"S"形绿化色带示意图，半弧长为 6.8m，

图 2-31 栽植色带

宽 1.9m。栽植金边黄杨，株高 35cm，栽植密度为 20 株/m^2，试根据已知条件求平整场地、栽植色带的工程量（二类土，养护期为 1 年）。

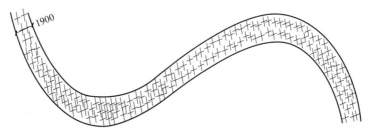

图 2-32 "S"形绿化色带

【解】

（1）整理绿化用地工程量

平整场地面积 S＝弧长×宽＝6.8×1.9×2＝25.84（m^2）

（2）栽植色带工程量

绿化色带面积 S'＝6.8×1.9×2＝25.84（m^2）

2.3.6 栽植花卉

2.3.6.1 概述

花卉有广义和狭义之分。狭义的花卉是指有观赏价值的草本植物，如菊花等。广义的花卉除指有观赏价值的草本植物外，还包括草本或木本的地被植物、花灌木、开花乔木以及盆景等。分布于温暖地区的高大乔木和灌木，移至北方寒冷地区，只能做温室盆栽观赏。

我国花卉资源丰富，种类繁多，常用分类方法如下。

① 按生长习性和形态特征分类：一般可分为草本花卉、木本花卉、多果花卉和水生花卉。茎干质地柔软的谓之草本花卉，茎干木质坚硬的谓之木本花卉。草本花卉按其生长发育周期等的不同，又可分为一年生草花、二年生草花、宿根花卉、球根花卉以及草坪植物等。

② 按观赏部分分类：可将花卉分为观花类、观叶类、观果类、观茎类和观芽类。

③ 按用途分类：可将花卉分为切花花卉、室内花卉、庭院花卉、药用花卉、香料花卉、食用花卉及环境保护用花卉。

④ 按栽培方式分类：可将花卉分为露地栽培花卉和温室栽培花卉。

2.3.6.2 栽植

（1）花卉的栽植方式

① 露地花卉的栽植。露地花卉是指栽植在室外的花卉。栽花前首先要根据花卉的习性选择地点，或者根据空地的条件选择花卉。

② 盆钵栽植。在城市中盆栽花卉是家庭养花的主要形式。它不受地形、空间条件的制约，也不占用土地，只需阳台、走廊等，是很好的室内外装饰品。由于盆钵的容积有限，土壤易干易湿，养料也受到一定限制，所以要求有一定的技术、细心和耐心。

（2）栽植方法

从花圃挖起花苗之前，应先灌水浸湿圃地，起苗时根土才不易松散。同种花苗的大小、高矮应尽量保持一致，过于弱小或过于高大的都不要选用。花卉栽植时间，在春、秋、冬三季基本没有限制，但夏季的栽植时间最好在上午 11 时之前和下午 4 时以后，要避开太阳暴晒。

花苗运到后，应及时栽植，不要放了很久才栽。栽植花苗时，一般的花坛都从中央开始栽，栽完中部图案纹样后，再向边缘部分扩展栽下去。在单面观赏花坛中栽植时，则要从后边栽起，逐步栽到前边。宿根花卉与 1~2 年生花卉混植时，应先种植宿根花卉，后种植 1~2 年生花卉。大型花坛宜分区、分块种植。若是模纹花坛和标题式花坛，则应先栽模纹、图线、字形，后栽底面的植物。在栽植同一模纹的花卉时，若植株稍有高矮不齐，应以矮植株为准，对较高的植株则栽得深一些，以保持顶面整齐。立体花坛制作模型后，按上述方法种植。

花苗的株行距应随植株大小高低而确定，以成苗后不露出地面为宜。植株小的，株行距可为 15cm×15cm；植株中等大小的，可为 20cm×20cm 至 40cm×40cm；对较大的植株，则可采用 50cm×50cm 的株行距。五色苋及草皮类植物是覆盖型的草类，可不考虑株行距，密集铺种即可。

栽植的深度对花苗的生长发育有很大的影响。栽植过深，花苗根系生长不良，甚至会腐烂死亡；栽植过浅，则不耐干旱，而且容易倒伏。一般栽植深度，以所埋之土刚好与根茎处相齐为最好。球根类花卉的栽植深度，应更加严格掌握，一般覆土厚度应为球根高度的 1~2 倍。栽植完成后，要立即浇一次透水，使花苗根系与土壤密切接合，并应保持植株清洁。

2.3.6.3 施工现场图

图 2-33 所示为工人们正在栽植花卉。

图 2-33 栽植花卉

2.3.6.4 工程量计算规则

① 以"株（丛、缸）"计量，按设计图示数量计算。

② 以"m^2"计量，按设计图示尺寸以水平投影面积计算。

2.3.7 垂直墙体绿化种植

2.3.7.1 概述

垂直墙体绿化种植是指以建筑物、土木构筑物等的垂直或接近垂直的立面（如室外墙面、柱面、架面等）为载体的一种建筑空间绿化形式。垂直墙体绿化种植植物种类有以下几种。

① 吸附攀爬型绿化：即将爬山虎、常春藤、薜荔、地锦类、凌霄类等吸附型的藤蔓植物栽植在墙面的附近，让藤蔓植物直接吸附满足攀爬的绿化。

② 缠绕攀爬型绿化：在墙面的前面安装网状物、格栅，或设置混凝土花器，栽植木通、南蛇藤、络石、紫藤、金银花、凌霄类等缠绕型的藤蔓植物的绿化。

③ 下垂型绿化：即在墙面的顶部安装种植容器（花池），种植枝蔓伸长力较强的藤蔓植物，如常春藤、牵牛、地锦、凌霄、扶芳藤等，让枝蔓下垂的绿化。

④ 攀爬下垂并用型绿化：即在墙面的顶端和墙脚的附近栽种藤蔓植物，从上方让须根下垂的同时，也从下方让根须爬到上部。

⑤ 附墙型绿化：即将灌木，如法国冬青等，栽植在墙体前面，使树横向生长，呈篱笆状贴附墙面遮掩墙体。即使没有空间也能进行绿化，所以特别适合土地狭小地区。

⑥ 骨架＋花盆绿化：通常先紧贴墙面或离开墙面5～10cm搭建平行于墙面的骨架，铺以滴灌或喷灌系统，再将事先绿化好的花盆嵌入骨架空格中。其优点是对地面或山崖植物均可以选用，自动浇灌，更换植物方便，适用于临时植物花卉布景。缺点是需在墙外加骨架，厚度大于20cm，增大体量，可能影响表观，且因为骨架须固定在墙体上，在固定点处容易形成漏水隐患，造成骨架锈蚀等影响系统整体使用寿命，滴灌容易被堵失灵而导致植物缺水死亡。

⑦ 模块化墙体绿化：其建造工艺与骨架＋花盆绿化类似，但改善之处是花盆变成了方块形、菱形等几何模块。这些模块组合更加灵活方便，模块中的植物和植物图案通常需在苗圃中按客户要求预先定制好，经过数月的栽培养护后，再运往现场进行安装。

⑧ 铺贴式墙体绿化：将平面浇灌系统、墙体种植袋复合在一层1.5mm厚的高强度防水膜上，形成一个墙面种植平面系统，在现场直接将该系统固定在墙面上。

2.3.7.2 种植效果图

图2-34所示为垂直墙体绿化种植实例。

2.3.7.3 工程量计算规则

以"m^2"计量，按设计图示尺寸以绿化水平投影面积计算。

以"m"计量，按设计图示种植长度以延长米计算。

图2-34 垂直墙体绿化种植实例

2.3.8　铺种草皮 （视频 2-铺种草皮的形式）

2.3.8.1　概念

草皮是指把草坪平铲为板状或剥离成不同大小的各种形状并附带一定量的土壤，以营养繁殖方式快速建造草坪和草坪造型的原材料。它的最大特点是产品的可移植性，一旦应用于某一场所并按一定的外观形态被固定下来后，就可成为草坪。草皮是草坪的前期产品，并且此处的"草皮"是专门用于快速植草的商品性草坪，生产草皮时就以盈利为目的，草坪则是一个具有特定功能的有机整体。

2.3.8.2　施工现场图

图 2-35 所示为工人们在铺种草皮。

2.3.8.3　工程量计算规则

按设计图示尺寸以绿化投影面积计算。

2.3.8.4　案例解读

【例 2-13】 如图 2-36 所示为某局部绿化示意图，该地块内的十字甬路将地块分成 4 块草皮，需铺种草皮。草坪中间有 4 个一样大小的花坛，需喷播草籽。请计算铺种草皮的清单工程量（养护期为两年）。

图 2-35　铺种草皮

【解】 工程量计算规则：按设计图示尺寸以绿化投影面积计算。

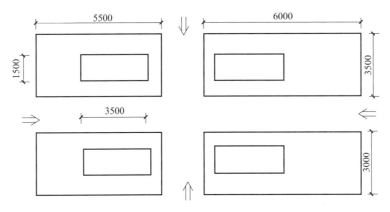

图 2-36　某局部绿化示意图

铺种草皮工程量 $S = 5.5 \times 3.5 + 6 \times 3.5 + 6 \times 3 + 5.5 \times 3 - 4 \times 1.5 \times 3.5 = 53.75$（$m^2$）

2.3.9　挂网

2.3.9.1　概述

道路、桥梁施工过程中，会形成很多裸露的岩石坡面，既破坏了植被，有损生态景观，又容易造成水土流失。坡面挂网喷混植草是在风化岩质坡面上营造一层多孔稳定结构，使其既能让植物生长发育，又耐冲刷，从而增加边坡的整体稳定性、观赏性。

2.3.9.2　挂网图

图 2-37 所示为坡面挂网，其作用是便于喷洒草籽。

图 2-37 坡面挂网

2.3.9.3 工程量计算规则

按设计图示尺寸以挂网投影面积计算。

2.4 绿地喷灌

水分是植物的基本组成部分，植物体重量的 40％～80％ 是由水分组成的，植物体内的一切生命活动都是在水的参与下进行的。只有水分供应充足，园林植物才能充分发挥其观赏效果和绿化功能。喷灌机主要是由压水结构、输水结构和喷头三个主要部分构成的。压水部分通常包括发动机和离心式水泵，主要是为喷灌系统提供动力和为水加压，使管道系统中的水压保持在一个较高的水平上。输水部分是由输水主管和分管构成的管道系统。喷头则是灌溉终端。喷头的分类、布置和施工要求如下。

（1）喷头的分类

按照喷头的工作压力与射程来分，可把喷灌用的喷头分为高压远射程、中压中射程和低压近射程 3 类。而根据喷头的结构形式与水流形状，则可把喷头分为旋转类、漫射类和孔管类 3 种类型。

（2）喷头的布置   （音频 3-喷灌的设备选择）

喷灌系统喷头的布置形式有正方形、正三角形、矩形和等腰三角形 4 种。在实际工作中采用什么样的喷头布置形式，主要取决于喷头的性能和拟灌溉的地段情况。表 2-4 为不同喷头布置形式的性能与特点。

喷灌工程施工、安装应按已批准的设计进行，修改设计或更换材料设备应经设计部门同意，必要时需经主管部门批准。喷灌工程施工应符合下列程序和要求。

① 施工放样。施工现场应设置施工测量控制网，并将其保存到施工完毕；应定出建筑物的主轴线或纵横轴线、基坑开挖线与建筑物轮廓线等；应标明建筑物主要部位和基坑开挖的高程。

② 基坑开挖。必须保证基坑边坡稳定。若基坑挖好后不能进行下道工序，应预留 15～30cm 土层不挖，待下道工序开始前再挖至设计标高。

③ 基坑排水。应设置明沟或井点排水系统，将基坑积水排走。

表 2-4 不同喷头布置形式的性能与特点

序号	喷头组合图形	单喷头喷洒范围	喷头间距 L 支管间距 b 与射程 R 的关系	有效控制面积 S	适用情况
1	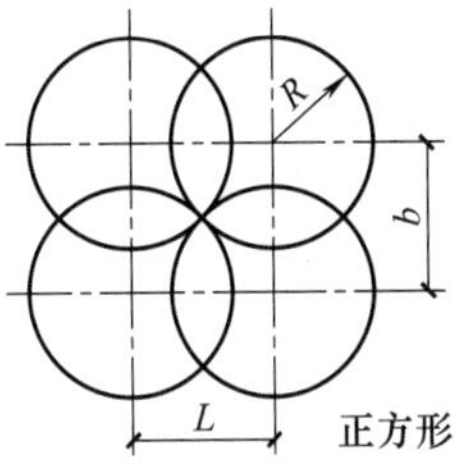 正方形	全圆形	$L=b=1.42R$	$S=2R^2$	在风向改变频繁的地方效果较好
2	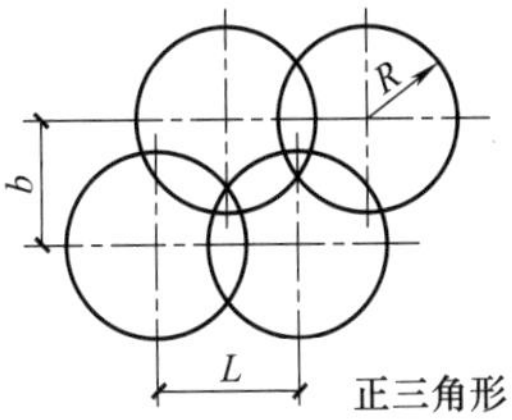 正三角形	全圆形	$L=1.73R$ $b=1.5R$	$S=2.6R^2$	在无风的情况下喷灌的均匀度最好
3	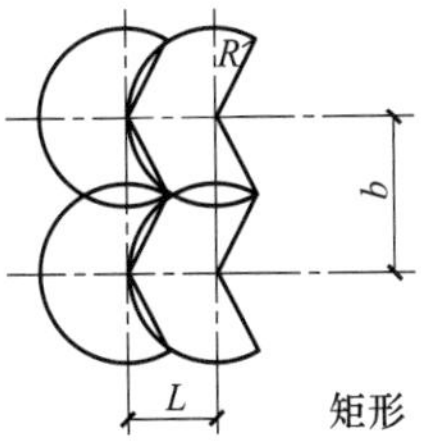 矩形	扇形	$L=R$ $b=1.73R$	$S=1.73R^2$	较 1、2 节省管道
4	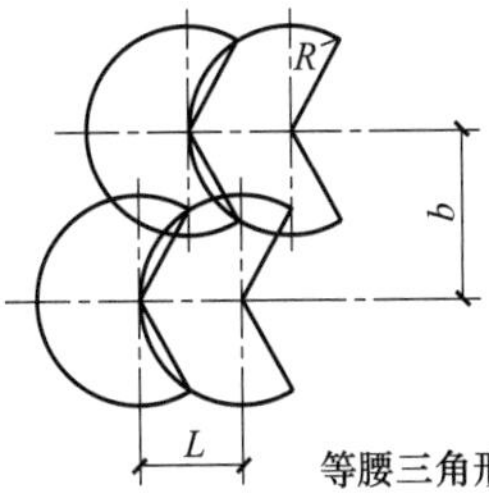 等腰三角形	扇形	$L=R$ $b=1.87R$	$S=1.865R^2$	较 1、2 节省管道

④ 基础处理。基坑地基承载力小于设计要求时,必须进行基础处理。

⑤ 回填。砌筑完毕,应待砌体砂浆或混凝土凝固达到设计强度后回填,回填土应干湿适宜,分层夯实,与砌体接触密实。

2.4.1 喷灌管线安装

2.4.1.1 概述

喷灌是适用范围广又较为节约用水的园林和苗圃温室的灌溉手段。由于喷灌可以使水均匀地渗入地下,避免径流,因而特别适用于灌溉草坪和坡地,对于希望增加空气湿度和淋湿植物叶片的场所尤为适宜,对于一些不宜经常淋湿叶面的植物则不应使用。适量的喷灌还可避免土壤中的养分流失。绿地喷灌是一种模拟天然降水对植物提供的控制性灌水,其具有节水、保土、省工和适应性强等诸多优点,逐渐得到人们的普遍重视,并将成为园林绿地和运动场草坪灌溉的主要方式。喷灌管道种类及特点如表 2-5 所示。喷灌管道布置时首先对喷灌地进行勘查，根据水源和喷灌地的情况，确定主干管的位置，支管一般与干管垂直。

管道配件指在管道系统中起连接、变径、转向和分支等作用的零件，简称管件。不同管道应采用与之相应的管件。

表 2-5　喷灌管道种类及特点

种类	特点
铸铁管	承压能力强，一般为 1MPa。工作可靠，寿命长（30～60 年），管体齐全，加工安全方便。但其重量大、搬运不便、价格高。使用 10～20 年后内壁生铁瘤，内径变小，阻力加大，输水能力下降
钢管	承压能力大，工作压力 1MPa 以上，韧性好、不易断裂、品种齐全、铺设安装方便。但价格高、易腐蚀、寿命比铸铁管短，约 20 年左右
硬塑料管	喷灌常用的硬塑料管有聚氯乙烯管、聚乙烯管、聚丙烯管等。承压能力随壁厚和管径不同而不同，一般为 0.4～0.6MPa
钢筋混凝土管	有自应力和预应力两种。可承受 0.4～0.7MPa 的压力，使用寿命长、节省钢材、运输安装施工方便、输水能力稳定、接头密封性好、使用可靠
薄壁钢管	用 0.7～1.5mm 的钢带卷焊而成。重量较轻、搬运方便、强度高、承压能力大，压力达 1MPa，韧性好、不易断裂、抗冲击较好，使用寿命长，可达 10～15 年。可制成移动式管道，但重量较铝合金和塑料移动式管道大
涂塑软管	主要有锦纶塑料软管和维纶塑料软管两种，分别是以锦纶丝和维纶丝织成管环，内外涂上聚氯乙烯制成。其重量轻、便于移动、价格低。但易老化、不耐磨、强度低、寿命短，可使用 2～3 年
铝合金管	承压能力较强，一般为 0.8MPa，韧性好、不易断裂、耐酸性腐蚀、不易生锈，使用寿命较长、输水性能好、内壁光滑

2.4.1.2　施工现场图

灌溉工程前期工作完成后，首先需要进行放线，然后开始开挖管沟，接着进行喷灌管线的安装，如图 2-38 所示。

2.4.1.3　工程量计算规则

按设计图示管道中心线长度以延长米计算，不扣除检查（阀门）井、阀门、管件及附件所占的长度。

2.4.1.4　案例解读

【例 2-14】　图 2-39 所示为某草地中喷灌系统的局部平面示意图，管道长为 135m，管道埋于地下 0.5m 处。其中管道采用镀锌钢管，公称直径为 85mm。阀门为低压塑料螺纹阀门，外径为 30mm。水表采用螺纹连接，公称直径为 35mm。喷头为换向摇臂喷头，微喷。管道刷红丹防锈漆两遍。试计算喷灌管线安装工程量。

图 2-38　喷灌管线的安装

【解】　工程量计算规则：按设计图示管道中心线长度以延长米计算，不扣除检查（阀门）井、阀门、管件及附件所占的长度。

喷灌管线安装工程量＝135m

【例 2-15】　图 2-40 所示为某绿地喷灌设施图，主管道为 DN40 镀锌钢管，承压力为 1MPa，管口直径为 26mm；分支管道为 PVC-U 管，承压力为 0.5MPa，管口直径为 20mm，管道上装有低压螺纹阀门，直径为 28mm。主管道共两条，每条长 75m；分支管道共 20 条，每条长 26m；管道口装有喇叭口喷头。试计算其清单工程量。

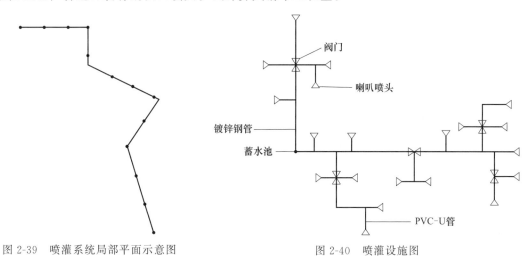

图 2-39　喷灌系统局部平面示意图　　　　　　　图 2-40　喷灌设施图

【解】　工程量计算规则：喷灌管线安装的清单工程量按设计图示管道中心线长度以延长米计算，不扣除检查（阀门）井、阀门、管件及附件所占的长度；喷灌配件安装工程量按设计图示数量计算。

（1）喷灌管线安装工程量

DN40 镀锌钢管共 2 根，每根长 75m，则主管道安装工程量＝75×2＝150（m）

PVC-U 管共 20 根，每根长 26m，则分支管道安装工程量＝26×20＝520（m）

（2）喷灌配件安装工程量

喷灌配件（螺纹阀门）安装工程量＝5 个

喷灌配件（喇叭喷头）安装工程量＝20 个

2.4.2　喷灌配件安装 （视频 3-管件的品种）

2.4.2.1　概念

喷灌配件有阀箱、自动泄水阀、快速取水阀、网式过滤器等。喷灌设施安装时，尽可能避免用铸铁管道，因为铸铁遇水容易生锈，污染水源。喷头的安装要覆盖绿地的每个角落，避免出现喷水不均的现象。安装阀门时要遵循方便使用的原则，操作方便可节省人力、物力。

2.4.2.2　施工现场图

图 2-41 所示为工人正在进行喷灌配件的安装。

2.4.2.3　工程量计算规则

按设计图示数量计算。

图 2-41　喷灌配件的安装

2.4.2.4 案例解读

【例2-16】 某绿地地面下埋有喷灌设施，采用镀锌钢管，阀门为低压螺纹阀门，水表采用法兰连接（带弯通管及止回阀），喷头埋藏旋转散射，管道刷红丹防锈漆两道，管道总长度 $L=130\text{m}$，壁厚为4mm。喷灌管道系统及喷头布置如图2-42所示，试计算工程量。

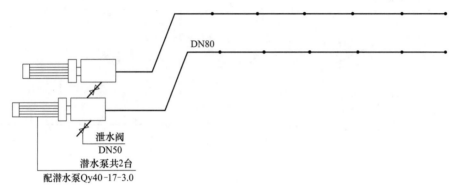

图2-42 喷灌管道系统及喷头布置图

【解】 工程量计算规则：按设计图示数量计算。

喷灌管线安装工程量＝管线长度＝130m

喷灌配件（阀门）安装工程量＝2个

喷灌配件（喷头）安装工程量＝12个

2.5 绿化工程工程量计算常用方法和公式

2.5.1 大型土石方工程工程量计算常用方法

2.5.1.1 横截面法

横截面法适用于地形起伏变化较大或形状狭长的地带，其方法是：首先，根据地形图及总平面图，将要计算的场地划分成若干个横截面，相邻两个横截面距离视地形变化而定。在起伏变化大的地段布置密一些（即距离短一些），反之则可适当疏一些。然后，实测每个横截面特征点的标高，量出各点之间的距离（若测区已有比较精确的大比例尺地形图，也可在图上设置横截面，用比例尺直接量取距离，按等高线求算高程。此方法简捷，但就其精度来说，没有实测的高），按比例尺把每个横截面绘制到厘米方格纸上，并套上相应的设计断面，则自然地面和设计地面两轮廓线之间的部分，即需要计算的施工部分。

其具体计算步骤如下。

① 划分横截面。根据地形图（或直接测量）及竖向布置图，将要计算的场地划分横截面 $A—A'$、$B—B'$、$C—C'$……划分原则为垂直于等高线或垂直于主要建筑物边长，横截面之间的距离可不等，地形变化复杂的间距宜小，反之宜大一些，但是最大不宜大于100m。

② 画截面图形。按比例画每个横截面的自然地面和设计地面的轮廓线。自然地面和设计地面轮廓线之间的部分，即为填方和挖方的截面图形。

③ 常用横截面面积计算公式如表2-6所示。

表 2-6　常用横截面面积计算公式

序号	图示	面积计算公式
1		$F = h(b + nh)$
2		$F = h\left[b + \dfrac{h(m+n)}{2}\right]$
3		$F = b\dfrac{h_1 + h_2}{2} + nh_1h_2$
4		$F = h_1\dfrac{a_1 + a_2}{2} + h_2\dfrac{a_2 + a_3}{2} + h_3\dfrac{a_3 + a_4}{2} + h_4\dfrac{a_4 + a_5}{2}$
5		$F = \dfrac{1}{2}a(h_0 + 2h + h_n)$ $h = h_1 + h_2 + h_3 + \cdots + h_{n-1}$

④ 计算土方量。根据截面面积计算土方量，即

$$V = \frac{1}{2}(F_1 + F_2) \times L \qquad (2-7)$$

式中　V——相邻两截面间的土方量，m^3；

F_1，F_2——相邻两截面的挖（填）方截面积，m^2；

L——相邻两截面间的距离，m。

⑤ 按土方量汇总。如图 2-43 中 $A-A'$ 所示，设桩号 $0+0.00$ 的填方横截面面积为 $2.80m^2$，挖方横截面面积为 $3.51m^2$；$B-B'$ 中，桩号 $0+0.30$ 的填方横截面面积为

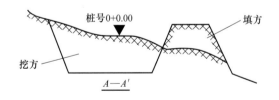

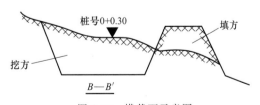

图 2-43　横截面示意图

$2.35m^2$，挖方横截面面积为 $6.32m^2$，两桩间的距离为 30m。则其挖填方量分别为：

$$V_{挖方} = \frac{1}{2} \times (3.51 + 6.32) \times 30 = 147.45(\text{m}^3)$$

$$V_{填方} = \frac{1}{2} \times (2.80 + 2.35) \times 30 = 77.25(\text{m}^3)$$

2.5.1.2 方格网计算法

方格网法是把平整场地的设计工作和土方量计算工作结合在一起进行的。

（1）划分方格网

在附有等高线的地形图（图样常用比例为 1∶500）上作方格网，方格各边最好与测量的纵、横坐标系统对应，并对方格及各角点进行编号。方格尺寸在园林工程中一般用 20m×20m 或 40m×40m。然后将各点设计标高和原地形标高分别标注于方格桩点的右上角和右下角，再将原地形标高与设计地面标高的差值（即各角点的施工标高）填在方格点的左上角，挖方为（＋）、填方为（－）。

其中原地形标高用插入法求得，如图 2-44 所示，方法是：设 H_x 为欲求角点的原地面高程，过此点作相邻两等高线间最小距离 L，则

$$H_x = H_a \pm \frac{xh}{L} \tag{2-8}$$

式中 H_a——低边等高线的高程，m；

  x——角点至低边等高线的距离，m；

  h——等高差，m。

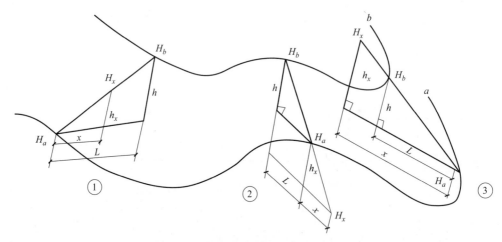

图 2-44 插入法求任意点高程示意图

插入法求某点地面高程通常会遇到以下 3 种情况：

① 待求点标高 H_x 在两等高线之间，如图 2-44 中①所示，则

$$H_x = H_a + \frac{xh}{L} \tag{2-9}$$

② 待求点标高 H_x 在低边等高线的下方，如图 2-44 中②所示，则

$$H_x = H_a - \frac{xh}{L} \tag{2-10}$$

③ 待求点标高 H_x 在高边等高线的上方，如图 2-44 中③所示，则

$$H_x = H_a + \frac{xh}{L} \tag{2-11}$$

求出的标高数值——标记在图上。

（2）求施工标高

施工标高指方格网各角点挖方或填方的施工高度，其导出式为

$$施工标高 = 原地形标高 - 设计标高 \tag{2-12}$$

从式（2-12）可看出，要求出施工标高，必须先确定角点的设计标高。为此，具体计算时，要通过平整标高反推出设计标高。设计中通常取原地面高程的平均值（算术平均或加权平均）作为平整标高。平整标高的含义就是将一块高低不平的地面在保证土方平衡的条件下，挖高垫低使地面水平，这个水平地面的高程就是平整标高。它是根据平整前和平整后土方数相等的原理求出的。当平整标高求得后，就可用图解法或数学分析法来确定平整标高的位置，再通过地形设计坡度，可算出各角点的设计标高，最后将施工标高求出。

（3）找零点位置

零点是指不挖不填的点，零点的连线即为零点线，它是填方与挖方的界定线，因而零点线是进行土方计算和土方施工的重要依据之一。要识别是否有零点存在，只要看一个方格内是否同时有填方与挖方，如果同时有，则说明一定存在零点线。为此，应将此方格的零点求出，并标于方格网上，再将零点相连，即可分出填挖方区域，该连线即为零点线。

如图 2-45 所示，运用数据分析法，零点的位置可通过下式求得

$$x_1 = \frac{h_1}{h_1 + h_2} a$$
$$x_2 = \frac{h_2}{h_1 + h_2} a \tag{2-13}$$

式中　x_1，x_2——零点距 h_1、h_2 一端的水平距离，m；

　　　　h_1，h_2——方格相邻二角点的施工标高绝对值，m；

　　　　a——方格边长，m。

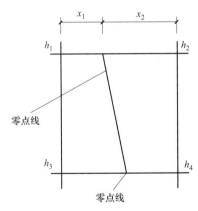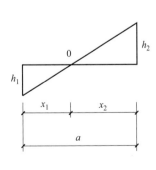

图 2-45　数据分析法

零点位置的求法还可采用图解法，如图 2-46 所示。方法是将直尺放在各角点上标出相应的比例，而后用尺相接，与方格相交的点为零点。

（4）计算土方工程量

根据各方格网底面积图形以及相应的体积计算公式，如表 2-7 所示。

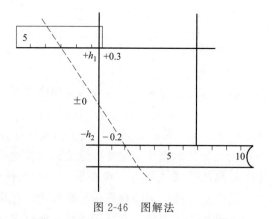

图 2-46　图解法

表 2-7　方格网计算土方工程量的计算公式

项目	图示	计算公式
一点填方或挖方(三角形)		$V=\dfrac{1}{2}bc\dfrac{\sum h}{3}=\dfrac{bch_3}{6}$ 当 $b=c=a$ 时,$V=\dfrac{a^2h_3}{6}$
二点填方或挖方(梯形)		$V_+=\dfrac{b+c}{2}a\dfrac{\sum h}{4}=\dfrac{a}{8}(b+c)(h_1+h_3)$ $V_-=\dfrac{d+e}{2}a\dfrac{\sum h}{4}=\dfrac{a}{8}(d+e)(h_2+h_4)$
三点填方或挖方(五边形)		$V=\left(a^2-\dfrac{bc}{2}\right)\dfrac{\sum h}{5}=\left(a^2-\dfrac{bc}{2}\right)\dfrac{h_1+h_2+h_4}{5}$
四点填方或挖方(正方形)		$V=\dfrac{a^2}{4}\sum h=\dfrac{a^2}{4}(h_1+h_2+h_3+h_4)$

注：1. a 为方格网的边长，m；b、c 为零点到一角的边长，m；h_1、h_2、h_3、h_4 为方格网四个角点施工高程的绝对值，m；$\sum h$ 为填方或挖方施工高程绝对值的总和，m；V 为挖方或填方体积，m³。

2. 本表公式是按各计算图形底面积乘以平均施工高程而得出的。

（5）计算土方总量

将填方区所有方格的土方量（或挖方区所有方格的土方量）累计汇总，即得到该场地填方和挖方的总土方量，最后填入汇总表。

2.5.2 绿地喷灌工程计算常用公式

2.5.2.1 灌水量计算

喷灌一次的灌水量可采用下式来计算，即

$$h = \frac{h_{净}}{\varphi} \tag{2-14}$$

式中 h——一次灌水量，mm；

$h_{净}$——根据树种确定的每日每次需要的纯灌水量，mm；

φ——利用系数，一般在 $65\% \sim 85\%$。

计算时，利用系数 φ 可根据水分蒸发量大小而定。气候干燥，蒸发量大的，喷灌不容易做到均匀一致，而且水分损失多，因此利用系数应选较小值，具体设计时常取 $\varphi = 70\%$；如果是在湿润环境中，水分蒸发较少，则应取较大的利用系数值。

2.5.2.2 灌溉时间计算

灌水量多少和灌溉时间的长短有关系。每次灌溉的时间长短可以按照下式计算确定，即

$$T = \frac{h}{\rho} \tag{2-15}$$

式中 T——支管或喷头每次喷灌纯工作时间，h；

h——一次灌水量，mm；

ρ——喷灌强度，mm/h。

2.5.2.3 喷灌系统的用水量计算

整个喷灌系统需要的用水量数据，是确定给水管管径及水泵选择所必需的设计依据。可以用下式计算，即

$$Q = nq \tag{2-16}$$

式中 Q——用水量，m^3/h；

n——同时喷灌的喷头数，个；

q——喷头流量，m^3/h。

$$q = \frac{Lbp}{1000} \tag{2-17}$$

式中 L——相邻喷头的间距，m；

b——支管的间距，m；

p——设计喷灌强度，mm/h。

2.5.2.4 水头计算

水头要求是设计喷灌系统不可缺少的依据之一。喷灌系统中管径的确定、引水时对水压的要求及对水泵的选择等，都离不开水头数据。以城市给水系统为水源的喷灌系统，其设计水头可用下式来计算，即

$$H = H_{管} + H_{弯} + H_{喷} + H_{立} + H_{地} \tag{2-18}$$

式中 H——设计水头，m；

$H_{管}$——管道沿程水头损失，m；

$H_{弯}$——管道中各弯道、阀门的局部水头损失，m；

$H_{喷}$——最后一个喷头的工作水头，m；

$H_立$——喷头所在立管的高度，m；

$H_地$——供水起点与喷头的地形高差的相对值，m。

如果公园内是自设水泵的独立给水系统，则水泵扬程（水头）可按下式计算，即

$$H = H_实 + H_管 + H_弯 + H_喷 \tag{2-19}$$

式中　H——水泵的扬程，m；

$H_实$——实际扬程，等于水泵的扬程与水泵轴到最末一个喷头的垂直高度之和，m。

喷灌系统设计流量应大于全部同时工作的喷头流量之和，即 $Q = n\rho$。其中 Q 为喷灌系统设计流量，m^3/h；ρ 为一个喷头的流量，m^3/h；n 为喷头数量。水泵选择中，功率大小可采用下列公式计算

$$N = \frac{1000\gamma K}{75\eta_泵 \ \eta_{传动}} Q_泵 \ H_泵 \ g$$

式中　N——动力功率，W；

K——动力备用系数（1.1～1.3）；

$\eta_泵$——水泵的效率；

$\eta_{传动}$——传动效率，可取 0.8～0.95；

$Q_泵$——水泵的流量，m^3/h；

$H_泵$——水泵扬程，m；

γ——水的堆积密度，t/m^3；

g——重力加速度，取 $9.8m/s^2$。

第3章 ▶▶▶

园路、园桥工程

3.1 园路、园桥工程识图

3.1.1 园路、园桥图例

3.1.1.1 园路及地面工程图例

园路及地面工程图例见表 3-1。

表 3-1 园路及地面工程图例

序号	名称	图例	说明
1	道路		—
2	铺装路面		—
3	台阶		箭头指向表示上行方向
4	铺砌场地		也可依据设计形态表示

3.1.1.2 驳岸挡土墙工程图例

驳岸挡土墙工程常见图例见表 3-2。

表 3-2　驳岸挡土墙工程图例

序号	名称	图例
1	驳岸	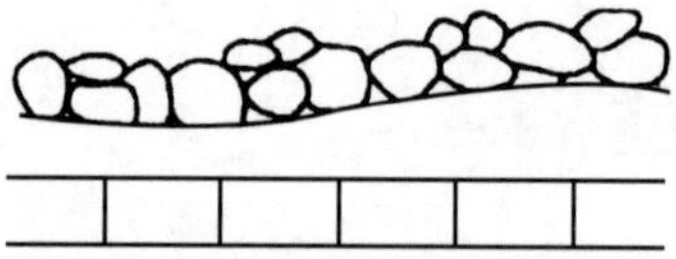
2	护坡	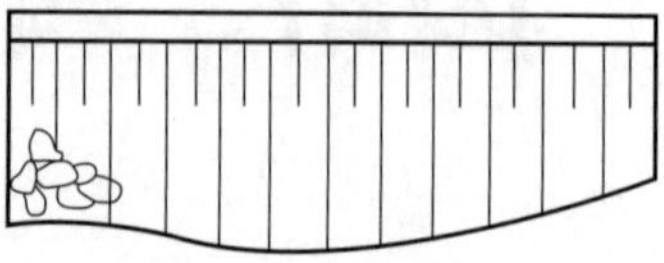
3	混凝土	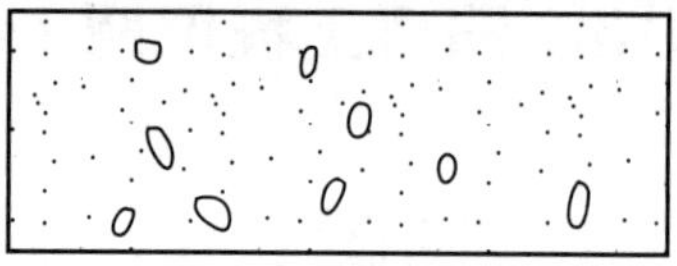
4	钢筋混凝土	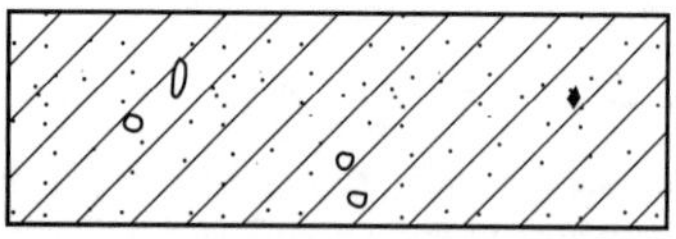
5	毛石	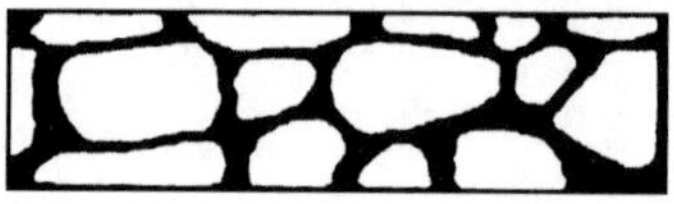
6	天然石材	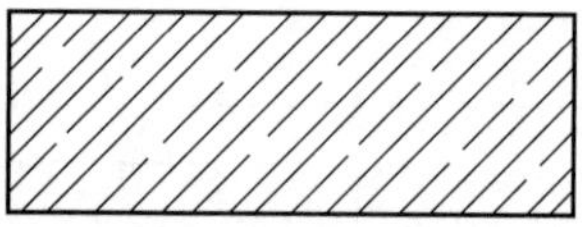
7	胶合板	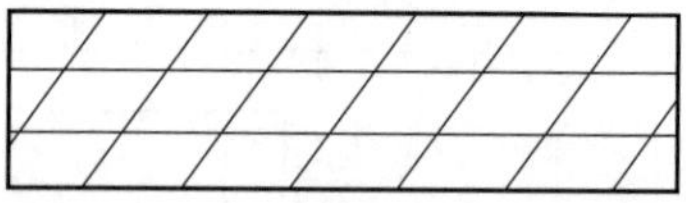
8	普通砖	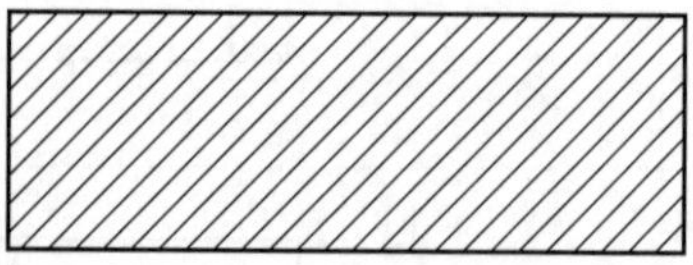
9	饰面砖	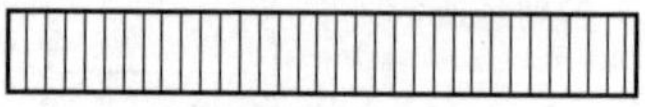
10	耐火砖	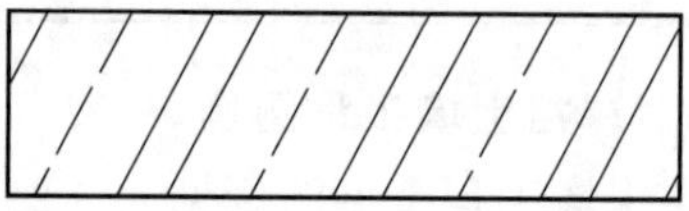

续表

序号	名称	图例
11	挡土墙	
12	木材	

3.1.2 园路、园桥识图

3.1.2.1 园路结构

园路的结构形式非常多，常见的园路结构形式如图 3-1 所示。

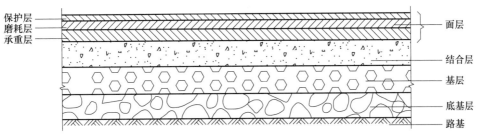

图 3-1 路面结构层示意图

3.1.2.2 桥梁桥面的一般构造

常见的桥面结构形式如图 3-2 所示。

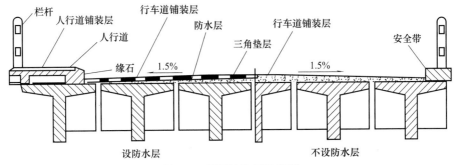

图 3-2 桥面结构层示意图

3.1.2.3 驳岸的造型

驳岸的造型分类如图 3-3 所示。

（1）驳岸的水位关系

驳岸可分为低水位以下部分，常水位至低水位部分，常水位与高水位之间部分和高水位以上部分，如图 3-4 所示。

高水位以上部分是不淹没部分，主要受风浪撞击和淘刷、日晒风化或超重荷载，致使下

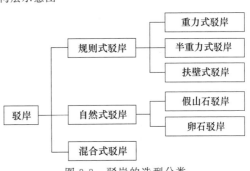

图 3-3 驳岸的造型分类

部坍塌，造成岸坡损坏。

常水位至高水位部分（B～A）属周期性淹没部分，多受风浪拍击和周期性冲刷，使水岸土壤遭冲刷而淤积水中，损坏岸线，影响景观。

常水位到低水位部分（B～C）是常年被淹部分，其主要是受水体浸渗冻胀，剪力破坏，风浪淘刷。我国北方地区因冬季结冰，常造成岸壁断裂或移位。有时因波浪淘刷，土壤被淘空后导致坍塌。

C 以下为地基及基础部分，主要受驳岸的荷载及地基的强度的影响。由于池底地基强度和岸顶荷载不一而容易造成不均匀的沉陷，使驳岸出现纵向裂缝甚至局部塌陷。

（2）扶壁式驳岸

扶壁式驳岸属于规则式驳岸，如图 3-5 所示。

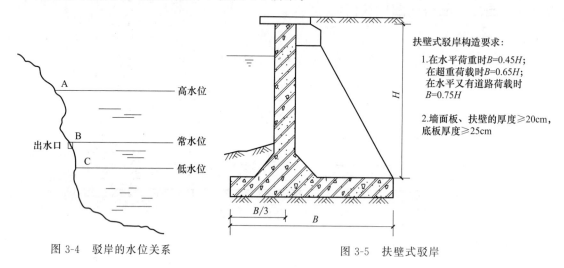

扶壁式驳岸构造要求：

1. 在水平荷重时 $B=0.45H$；
   在超重荷载时 $B=0.65H$；
   在水平又有道路荷载时
   $B=0.75H$

2. 墙面板、扶壁的厚度≥20cm，
   底板厚度≥25cm

图 3-4 驳岸的水位关系　　　　图 3-5 扶壁式驳岸

（3）浆砌块石式驳岸

浆砌块石式驳岸属于自然式驳岸，如图 3-6 所示。

（4）混合式驳岸

混合式驳岸是规则式与自然式驳岸相结合的驳岸造型，如图 3-7 所示。

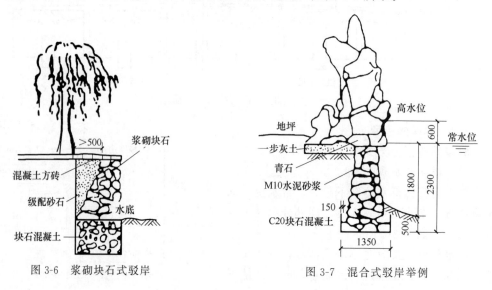

图 3-6 浆砌块石式驳岸　　　　图 3-7 混合式驳岸举例

3.2　园路、园桥

3.2.1　园路

3.2.1.1　概述

园林中的道路即园路，园路是贯穿园林的交通脉络，是联系若干个景区和景点的纽带，是构成园景的重要因素。

园路一般由路面、路基和附属工程组成。路面结构包括面层、基层、结合层、垫层（加强路基及基层）；路基包括土基、三合土基；附属工程包括道牙（路肩）、雨水井、台阶（礓𥔥、蹬道）、种植池。道牙分为立道牙和平道牙，如图 3-8 所示。　　**（音频 1-三合土基）**

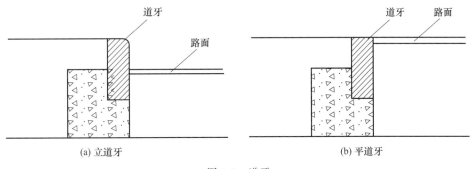

图 3-8　道牙

3.2.1.2　园路的功能 （视频 1-园路的功能）

（1）组织交通

园路承担游客的集散、疏导功能，满足园林绿化、建筑维修、养护、管理等工作的运输工作要求和完成安全、防火等园务工作的运输任务。

（2）引导游览

组织整个园林的观赏程序，向游客展示园林风景的画面。园路中的主路和一部分次路也是园林的导游线。

（3）划分空间，构成园景

园林中常常利用地形、建筑、植物或道路把全园分隔成各种不同功能的景区，同时又通过道路，把各个景区联系成一个整体。

3.2.1.3　园路的分类

（1）按使用功能分类

① 主要园路。主要园路连接全园各个景区及主要建筑物，除了游人较集中外，还要通行生产、管理用车，所以要求路面坚固，宽度在 4m 以上。主要园路路面铺装以混凝土和沥青为主。

② 次要园路。次要园路连接着园内的每一个景点，宽度为 2～4m，路面铺装的形式比较多样。

③ 游步道。这类小路可以延伸到公园的每一个角落，供游人散步、赏景之用，不允许车辆驶入，其宽度多为 0.8~1.5m。双人行走道路宽 1.2~1.5m，单人行走道路宽 0.8~1.0m。

（2）按构造形式分类

由于园路所处的绿地环境、造景目的和造景环境等都有所不同，在园林中园路可采用不同的结构类型。在结构上，一般园路可分为以下三种基本类型。

① 路堑型。立道牙位于道路边缘，路面低于两侧地面，道路排水，如图 3-9 所示。

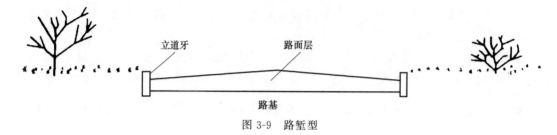

图 3-9   路堑型

② 路堤型。平道牙位于道路靠近边缘处，路面高于两侧地面，利用明沟排水，如图 3-10 所示。

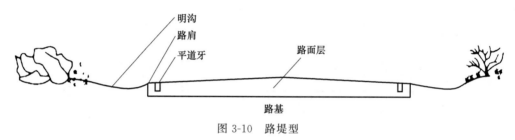

图 3-10   路堤型

③ 特殊型。特殊型园路包括步石、汀步、磴道、攀梯等。

（3）按铺装材料分类   （视频 2-园路的分类）

① 整体路面。整体路面是指用水泥混凝土或沥青混凝土进行统一铺装的地面。它平整、耐压、耐磨，多用于通行车辆或人流集中的公园主路。

② 块料路面。块料路面是用大方砖、石板等各种天然块石或各种预制板铺装而成的路面，如木纹板路、拉条水泥板路、假卵石路等。这种路面简朴、大方，特别是各种拉条路面，利用条纹方向变化产生的光影效果加强了花纹的效果，不但有很好的装饰性，而且可以防滑和减少反光强度，并能铺装成形态各异的图案花纹，美观、舒适，同时也便于进行地下施工时拆补，因此在现代绿地中被广泛应用。

③碎料路面。碎料路面是用各种碎石、瓦片、卵石等拼砌而成的地面，通常有各种美丽的地纹图案。它主要用于庭院和各种游憩散步的小路，经济、美观，富有装饰性。

3.2.1.4　园路的走向和线形   （视频 3-线形园路施工中易出现的问题）

园林道路的走向和线形，不仅受到地形、地物、水文、地质等因素的影响和制约，更重要的是要满足园林功能的需要，如串联景点、组织景观、扩大视野等。

道路的平面线形是由直线和曲线组成的，如图 3-11（a）所示。曲线包括圆曲线、复曲线等。直线道路在拐弯处应由曲线连接，最简单的曲线就是具有一定半径的圆曲线。在道路急转弯处，可加设复曲线（即由两条及以上不同半径的圆曲线组成的曲线）或回头曲线。道路的剖面（竖向）线形则由水平线路、上坡、下坡，以及在变坡处加设的竖曲线组成，如图 3-11（b）所示。

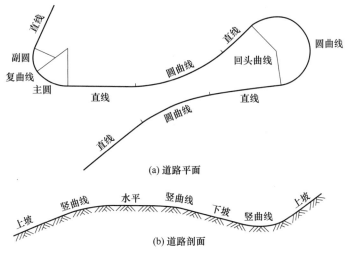

(a) 道路平面

(b) 道路剖面

图 3-11　园路曲线示意

3.2.1.5　园路构造图

如图 3-12 所示为园路的铺装详图，铺装详图中的断面图用于表达园路的面层结构，如断面形状、尺寸、各层材料、做法、施工要求，平面图用于表现铺装图案，如路面布置形式及艺术效果。

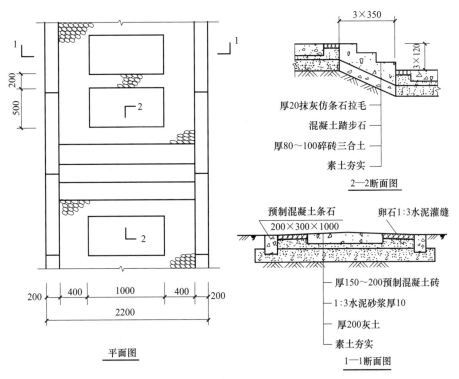

图 3-12　铺装详图

园路的施工是园林总平面施工的一个组成部分，一般都是结合着园林总平面施工一起进行的。园路工程的重点在于控制好施工面的高程，并注意与园林其他设施的有关高程相协调。

施工中，园路路基和路面基层的处理只要达到设计要求的牢固性和稳定性即可，而路面面层的铺装，则要更加精细，更加强调质量方面的要求。图 3-13 所示为水泥路面的施工。

图 3-13　水泥路面施工

3.2.1.6　计算规则

按设计图示尺寸以面积计算，不包括路牙。

如有垫层，则垫层工程量一般按设计图示尺寸以"m^3"计算。

3.2.1.7　案例解读

【例 3-1】　小园园路的尺寸为 12m×4m，2∶8 灰土垫层 150mm 厚，C15 豆石麻面混凝土路面 15cm 厚，如图 3-14 所示。试求该园路工程的清单工程量。

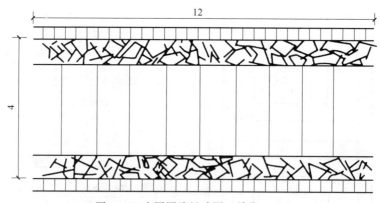

图 3-14　小园园路尺寸图（单位：m）

【解】　园路工程量 $S=长×宽=12×4=48$（m^2）

垫层工程量 $V=48×0.15=7.2$（m^3）

【小贴士】　式中，0.15 为垫层的厚度（m）。

3.2.2　踏（蹬）道 (视频 4-蹬道)

3.2.2.1　踏（蹬）道的概念

踏道是中国古建筑中的台阶，一般用砖或石条砌造，置于台基与室外地面之间。它不仅有台阶的功能，而且有助于处理从人工建筑到自然环境之间的过渡。

踏道是有踏级的道路，园林中用砖、石等材料堆砌的阶梯，它既是园中的交通线又是游园的观赏线，是与山体结合通往景区、景点的山地园路。在施工中，也可局部利用天然山石、露岩等凿出上下山的踏道，或利用水泥混凝土仿木桩、假石等塑成踏道。

传统园林中，多把石级或踏道与池岸和假山结合起来，随地势起伏高下，此类踏道若与建筑物楼阁相接，便成了云梯。

3.2.2.2 踏（蹬）道的功能作用

① 引导游览。引导游客游览的目的性、方向性更强。

② 构成景观。主要起造景作用。

③ 其他作用。比如对比作用：明与暗的对比、封闭与开敞的对比、清净与热烈的对比等。

3.2.2.3 蹬道设置

有高度变化的蹬山通道变化多，造型灵活。若蹬道台高采用 23cm，则可以创造高山的效果。隔 3～5 蹬，再放回 17～13cm，然后再加大至 23cm 左右，如此循环。这种台高设置方法多用于人工假山。蹬道也要收口与排水，但不可收太多，否则易产生露脚现象。蹬道设置也要遵守台阶的技术规范。图 3-15 所示为某景区蹬道。

在地形陡峭的地段，可结合地形或利用露岩设置蹬道。当其纵坡大于 60% 时，应做防滑处理，并设扶手栏杆等，如图 3-16 所示。

图 3-15　某景区蹬道

图 3-16　蹬道设置扶手栏杆

3.2.2.4 计算规则

按设计图示尺寸以水平投影面积计算，不包括路牙。

3.2.2.5 案例解读

【例 3-2】　某景区为丰富景观，在景区一定地段设置台阶，以增加景观层次感，具体台阶设置构造如图 3-17 所示，试求台阶工程量（该地段台阶为 5 级）。

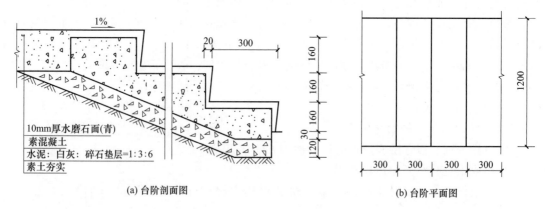

图 3-17 台阶设置构造图

【解】 由图得踏步长 1.2m，宽 0.3m，共 5 级。

台阶工程量 $S=1.2\times0.3\times5=1.8$（$m^2$）

3.2.3 路牙铺设

3.2.3.1 路牙的概念

路牙是用凿打成长条形的石材、混凝土预制的长条形砌块或砖，铺装在道路边缘，保护路面的构件。机制标准砖铺装路牙，有立栽和侧栽两种形式。

路牙一般用砖或混凝土制成，在园林中也可用瓦、大卵石等制成。其中设置在路面边缘与其他构造带分界的条石称为路缘石。

3.2.3.2 路牙构造图

图 3-18 所示为路牙的剖面图，一般施工常选择使用混凝土预制或者现场浇筑，也可采用花岗岩、大理石等材质，更加美观。

路牙石是指用花岗岩材质制作的用在路面边缘的界石，其石质坚硬，耐磨损、耐酸碱、物美价廉。路牙石也称道牙石或路边石、路沿石、缘石，如图 3-19 所示。路牙石是在路面上区分车行道、人行道、绿地、隔离带和道路其他部分的界线，作为一种铺设路面的辅助材

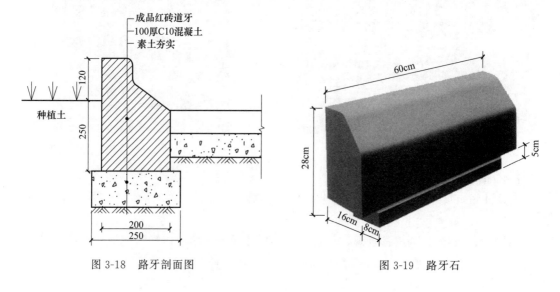

图 3-18 路牙剖面图   图 3-19 路牙石

料，既可以美化道路，又可以保护路面不受破坏，起到保障行人、车辆交通安全和保证路面边缘整齐的作用。 （音频 2-花岗岩）

3.2.3.3　计算规则

按设计图示尺寸以长度计算。

3.2.3.4　案例解读

【例 3-3】　为了保护路面，一般会在道路的边缘铺设路牙，已知某园路长 20m，用机制砖铺设路牙，具体结构如图 3-20 所示，试求路牙工程量（其中每两块路牙之间有 10mm 的水泥砂浆勾缝）。

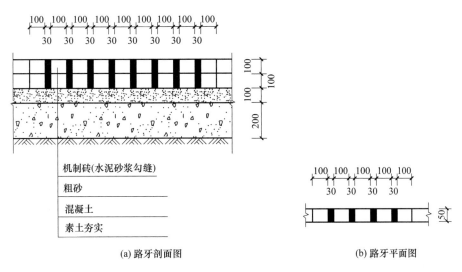

(a) 路牙剖面图　　　　　　(b) 路牙平面图

图 3-20　路牙铺设

【解】　路牙铺设长度 $L = 20 \times 2 = 40$（m）

【小贴士】　式中，20 为园路长度（m）；2 表示道牙都是路两边铺设的，因此要计算两侧。

3.2.4　树池围牙、盖板

3.2.4.1　树池围牙的概念　（音频 3-树池分类）　（视频 5-树池的种类）

树池是指当在有铺装的地面上栽种树木时，在树木的周围保留一块没有铺装的土地，通常也称作树穴。

树池围牙是树池四周做成的围牙，类似于路缘石，形式主要有绿地预制混凝土围牙和树池预制混凝土围牙两种。

（1）绿地预制混凝土围牙

绿地预制混凝土围牙是将预制的混凝土块（混凝土块的形状、大小、规格依具体情况而定）埋置于种植有花草树木的地段形成的，对种植有花草树木的地段起围护作用，防止人员、牲畜和其他可能的外界因素对花草树木造成伤害的保护性设施，如图 3-21、图 3-22 所示。

图 3-21　绿地预制混凝土围牙

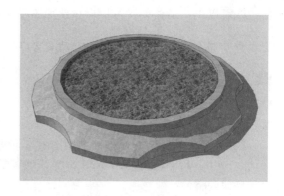

图 3-22　不规则底座圆形树池

（2）树池预制混凝土围牙

树池预制混凝土围牙是将预制的混凝土块（混凝土块的形状、规格、大小依树的大小和装饰的需要而定）埋置于树池的边缘，对树池起围护作用和保护作用的设施，如图 3-23 所示。

3.2.4.2　树池盖板的概念

树池盖板又称护树板、树箅子、树围子等。树池盖板主体是由两块或四块对称的板体对接构成的，盖板体的中心处设有树孔，树孔的周围设有多个漏水孔，如图 3-24 所示。树池盖板主要用于街道两旁的绿化景观树木的树池，起到防止水土流失、美化环境的作用。目前有菱镁复合、铸铁、树脂复合等多种材料制作的树池盖板。铸铁材料的树池盖板因易丢失逐步退出市场；树脂材料的树池盖板韧性、坚固性随产品的厚薄而定，目前市场上的树脂树池盖板多为很薄的产品，价格高而且易碎；菱镁复合材料的树池盖板在提高盖板的韧性、坚固性、耐用性的同时也提高了抗腐蚀及抗冲击等性能，而且大大降低了树池盖板的制作成本，不易丢失。因此，菱镁复合树池盖板不仅具有显著的经济效益，而且还有良好的社会效益。

图 3-23　混凝土树池围牙

图 3-24　树池盖板

3.2.4.3　计算规则

① 以"m"计量，按设计图示尺寸以长度计算。

② 以"套"计量，按设计图示数量计算。

3.2.4.4 案例解读

【**例 3-4**】 如图 3-25 所示为一个树池示意图，围牙采用预制混凝土，试求其工程量。

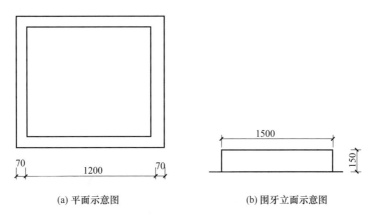

(a) 平面示意图　　　　　(b) 围牙立面示意图

图 3-25　树池围牙示意图

【**解**】 树池围牙 $L = (1.2 + 0.07) \times 4 = 1.27 \times 4 = 5.08$（m）

3.2.5　嵌草砖（格）铺装

3.2.5.1　嵌草路面的类型与特点

嵌草路面属于透水透气性铺地之一种。嵌草路面有两种类型：一种为在块料路面铺装时，在块料与块料之间留有空隙，在其间种草，如冰裂纹嵌草路、空心砖纹嵌草路、人字纹嵌草路等，如图 3-26 所示；另一种是制作成可以种草的各种纹样的混凝土路面砖，如图 3-27 所示。

嵌草路面的特点是可体现环境的自然、典雅、幽静。嵌草路面的适用范围是园林内景点与景点之间的连接小道、城市绿地的水边小路、池边小路、通幽小道等。

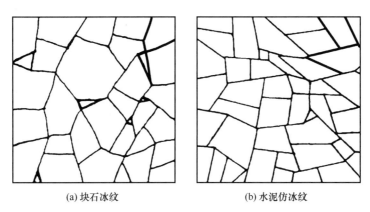

(a) 块石冰纹　　　　　(b) 水泥仿冰纹

图 3-26　冰裂纹嵌草路面

3.2.5.2　嵌草砖施工图

嵌草铺装，用有种植物空隙的预制砖通过砂石垫层或干灰土粘接层铺设在路基上的一种铺装，在预制砖的空隙中放入砂质种植土，提供草坪生长的条件。一般路基上应铺垫一层栽培土壤作垫层，厚 10～15cm。

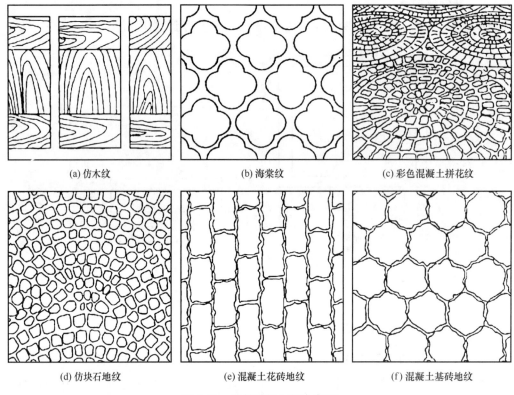

(a) 仿木纹　　　　　　　(b) 海棠纹　　　　　　(c) 彩色混凝土拼花纹

(d) 仿块石地纹　　　　(e) 混凝土花砖地纹　　　(f) 混凝土基砖地纹

图 3-27　预制混凝土方砖路面

（1）砌块中心孔嵌草

空心砌块，砌块中心孔中嵌种草皮，砌块之间不留草缝，以砂浆粘接，如图 3-28、图 3-29 所示。

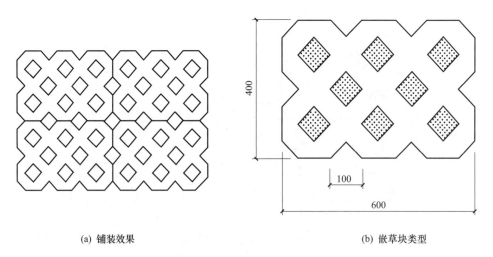

(a) 铺装效果　　　　　　　　　　(b) 嵌草块类型

图 3-28　砌块中心孔嵌草

（2）砌块间预留缝嵌草

实心砌块，砌块间预留缝嵌种草皮，缝宽 2～5cm，缝中填土达砌块的 2/3 高，如图 3-30、图 3-31 所示。

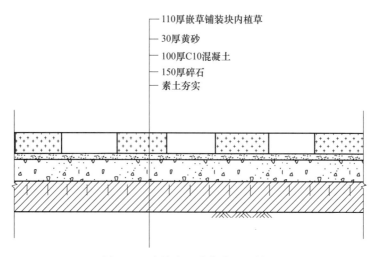

图 3-29 砌块中心孔嵌草施工做法

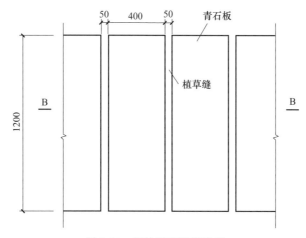

图 3-30 砌块间预留缝嵌草

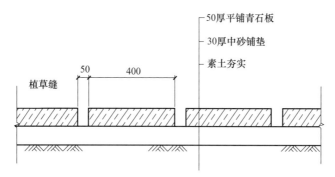

图 3-31 砌块间预留缝嵌草施工做法

3.2.5.3 计算规则

按设计图示尺寸以面积计算。

3.2.5.4 案例解读

【例 3-5】 某公园嵌草砖铺装，如图 3-32 所示，已知灰土垫层厚 150mm，碎石垫层厚 35mm，细砂垫层厚 40mm，试根据图中给出的已知条件，计算其工程量。

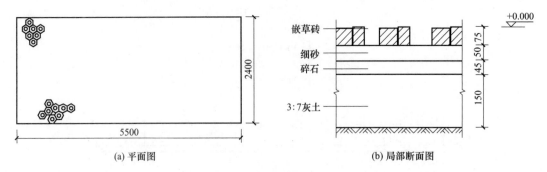

图 3-32　嵌草砖铺装示意图

【解】 嵌草砖铺装工程量 $S=5.5×2.4=13.2$（m^2）

【小贴士】 式中，5.5 为铺装的长（m）；2.4 为铺装的宽（m）。

3.2.6　桥基础

3.2.6.1　桥基础的概念

桥基础是把桥梁自重以及作用于桥梁上的各种荷载传至地基的构件。基础的类型主要有条形基础、独立基础、杯形基础及桩基础等。（音频4-基础类型）

3.2.6.2　桥施工图

图 3-33 为石拱桥的施工图。桥基础应置放到清除淤泥和浮土后的硬土（老土）层上，同时必须埋深在冻土线以下 300mm，一般都是埋深到清除河泥的最低点以下 500mm 处。如果实际条件不允许埋这么深，或者软土层太厚，那么就要采用桩基加固基土。在夯实的土基上，可用 60～80mm 厚碎石作垫层，垫层之上用 300～500mm 厚的 C20 块石混凝土作基础。

3.2.6.3　计算规则

按设计图示尺寸以体积计算。

3.2.6.4　案例解读

【例 3-6】 某公园有一石桥，具体基础构造如图 3-34 所示，桥的造型形式为平桥，已知桥长 10m，宽 2.5m，试求园桥的基础工程量（该园桥基础为杯形基础，共有 3 个）。

【解】 计算杯形等不规则形状的基础工程量时，可采用图形分割法来分块计算。

单个杯形基础的工程量＝垫层以上立方体体积＋外部棱台体积＋棱台之上立方体体积－

中部凹下的内部棱台体积

$=2.5×2.5×0.3+0.1/6×[2.5×2.5+2×2+(2.5+2)×(2.5+2)]+2×2×0.6-(0.6+0.1+0.05)/6×[1.1×1.1+0.5×0.5+(1.1+0.5)×(1.1+0.5)]$

$=1.875+2.4+0.508-0.503$

$=4.28$（m^3）

【小贴士】 式中，2.5×2.5×0.3 代表杯形基础底部长 2.5m，宽 2.5m，厚 0.3m，为规则立方体；0.1/6×[2.5×2.5+2×2+(2.5+2)×(2.5+2)]代表外部棱台的大口长、宽均为

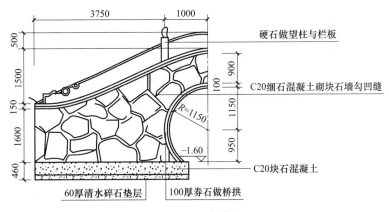

(a) 立面图

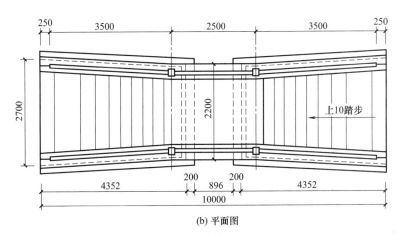

(b) 平面图

图 3-33　石拱桥施工图

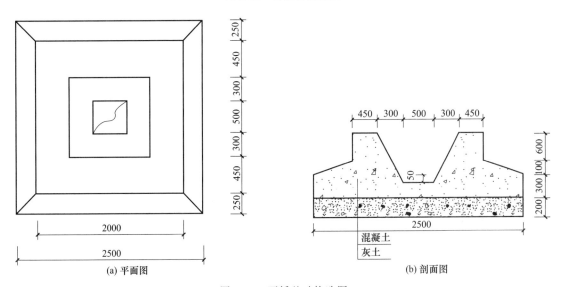

(a) 平面图　　　　　　　　　(b) 剖面图

图 3-34　石桥基础构造图

2.5m，小口的长、宽均为 2m，高度为 0.1m；2×2×0.6 代表棱台上部规则的立方体长 2m，宽 2m，高 0.6m；(0.6＋0.1＋0.05)/6×[1.1×1.1＋0.5×0.5＋(1.1＋0.5)×(1.1＋0.5)]代表内部棱台的大口长、宽均为 1.1m，小口的长、宽均为 0.5m，高度为 (0.6＋0.1＋0.05)m。

3.2.7 石桥墩、石桥台

3.2.7.1 概述

桥墩位于两桥台之间，桥梁的中间部位是支承相邻两跨上部结构的构件，其作用是将上部结构传来的荷载可靠而有效地传给基础。

桥台位于桥梁两端，是支承桥梁上部结构并和路堤相衔接的构筑物，其功能除传递桥梁上部结构的荷载到基础外，还具有抵挡台后的填土压力、稳定桥头路基、使桥头线路和桥上线路可靠而平稳地连接的作用。桥墩、桥台实景如图 3-35 所示。

图 3-35　桥墩、桥台实景

3.2.7.2 桥墩与桥台的区分

（1）桥墩

桥墩主要由顶帽、墩身组成。桥墩形式取决于桥上线路或道路条件、桥下水流速度、水深、水流方向与桥梁中轴线的夹角、通航及桥下漂流物情况、基底土壤的承载能力、梁部结构及施工方法等因素，如图 3-36 所示为常见的桥墩形式。

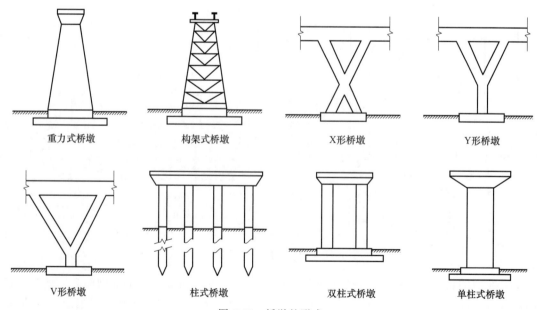

图 3-36　桥墩的形式

石桥墩采用花岗岩条石、石灰砂浆砌筑，桥墩迎水面砌成往上翘起的金刚分水尖形式。图 3-37 所示的桥墩上部以纵横交错、层层叠出的杉木悬臂梁承托桥面。

（2）桥台

桥台是由台顶、台身和基础组成的，图 3-38 所示的桥台采用三层扩大基础，由纵墙、横墙和托盘构成台身，台顶由顶帽、台顶纵墙和道碴槽组成。

图 3-37　石桥墩实例

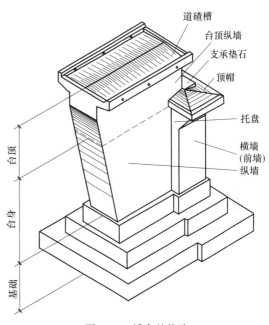

图 3-38　桥台的构造

3.2.7.3　计算规则

按设计图示尺寸以体积计算。

3.2.7.4　案例解读

【例 3-7】 已知某园桥的石桥墩如图 3-39 所示，共有 6 个。石料采用金刚墙青白石，试求该桥墩的工程量。

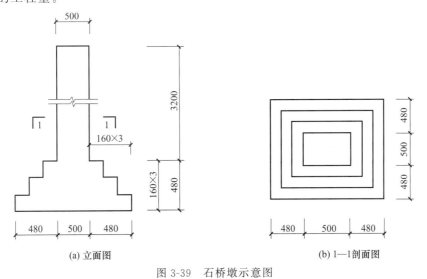

(a) 立面图　　　　(b) 1—1剖面图

图 3-39　石桥墩示意图

【解】 求桥墩工程量就是求桥墩的体积，它的体积由大放脚四周体积和柱身体积两部分组成。

单个石桥墩工程量＝大放脚体积＋柱身体积

大放脚体积＝$0.16×(0.5+0.48+0.48)^2+0.16×[0.5+(0.16×2)×2]^2$
$+0.16×(0.5+0.16×2)^2=0.34+0.21+0.11=0.66(m^3)$

柱身体积＝$0.5×0.5×3.2=0.8(m^3)$

石桥墩工程量 $V=6×(0.66+0.8)=6×1.46=8.76(m^3)$

【小贴士】 式中，(0.5+0.48+0.48)为大放脚第一层边长（m）；[0.5+(0.16×2)×2]为大放脚第二层边长（m）；(0.5+0.16×2)为大放脚第三层边长（m）。

3.2.8 券脸石

3.2.8.1 概述

如图 3-40 所示为石拱（券）桥构造图，石拱券最外端的一圈券石叫"券脸石"，券洞内的叫"内券石"。石券正中的一块券脸石常称为"龙口石"，也叫"龙门石"，龙门石上若雕凿有兽面的叫"兽面石"，兽面形象为古代传说中龙九子之一的，俗称"戏水兽""喷水兽"。

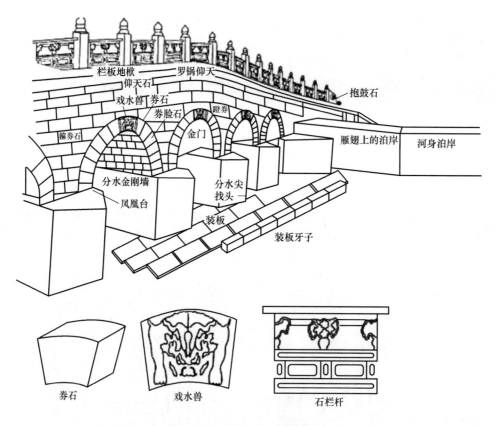

图 3-40 石拱（券）桥构造图

3.2.8.2 券脸石施工图

目前园林工程中无铰拱通常采用拱券石镶边横联砌筑法。即在拱券的两侧最外券各用高级石料（如大理石、汉白玉精琢的花岗石等）镶嵌成一层券脸石，长度≥600mm，宽度≥400mm，厚度≥300mm。内券之拱石采用横联纵列错缝嵌砌，拱石间紧密层重叠砌筑，如图 3-41 所示。

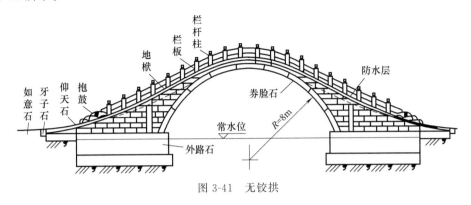

图 3-41 无铰拱

3.2.8.3 计算规则

按设计图示尺寸以面积计算。

3.2.8.4 案例解读

【例 3-8】 某一石拱桥如图 3-42 所示，桥拱半径为 1m，拱券层用料为花岗石，厚 0.15m，花岗石后为青白石金刚墙砌筑，每块厚 0.2m，桥高 2.5m，长 18m，宽 5.5m，桥底为 60mm 厚清水碎石垫层，拱桥两侧装有青白石券脸（长 0.6m，宽 0.4m，厚 0.15m）共 22 个，试计算券脸石工程量。

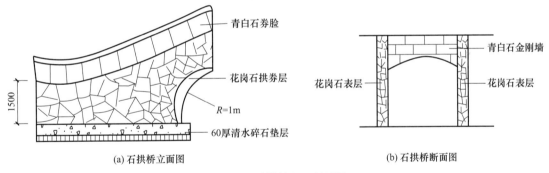

(a) 石拱桥立面图

(b) 石拱桥断面图

图 3-42 石拱桥立、断面图

【解】 一个券脸石面积 $S=$ 长×宽$=0.6×0.4=0.24$（m^2）

券脸石总面积 $S_{总}=22×0.24=5.28$（m^2）

3.2.9 金刚墙砌筑

3.2.9.1 金刚墙概念

金刚墙是一种加固性质的墙，一般在装饰面墙的背后保证其稳固性。古建筑对凡是看不见的加固墙都称为金刚墙。在园桥工程中金刚墙是指券脚下的垂直承重墙，又叫"平水墙"或"桥墩"。梢孔内侧的叫"分水金刚墙"，梢孔外侧的叫"两边金刚墙"，如图 3-43 所示，图中的碹脸也就是券脸石。

金刚墙砌筑是将砂浆作为胶结材料将石材结合成墙体的整体，以满足正常使用要求及承受各种荷载的过程。

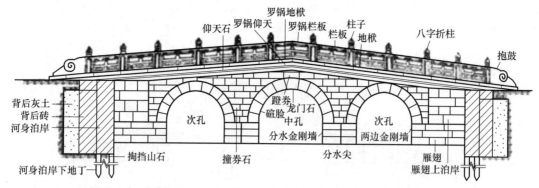

图 3-43　三孔石拱（券）桥正立面

3.2.9.2　计算规则

按设计图示尺寸以体积计算。

3.2.9.3　案例解读

【例 3-9】　有一拱桥，券脸石的制作、安装采用青白石，桥洞底板为钢筋混凝土，桥基细石用金刚墙青白石，厚 2.5cm，拱桥的具体构造如图 3-44 所示。试求金刚石砌筑清单工程量。

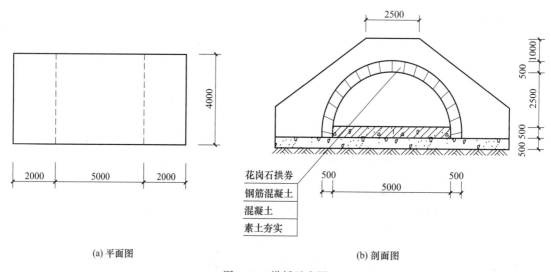

(a) 平面图　　　　　　　　　　(b) 剖面图

图 3-44　拱桥示意图

【解】　金刚墙砌筑工程量 $V=(5+0.5\times2)\times4\times0.25=6$（m^3）

【小贴士】　式中，$(5+0.5\times2)$ 为图示尺寸长度（m）；4 为图示尺寸宽度（m）；0.25 为金刚墙青白石厚度（m）。

3.2.10　汀步 （视频 6-水池中的汀步）

3.2.10.1　概述

汀步，又称步石、飞石，设置在水上、草地上。在浅水中按一定间距布设块石，即成汀步。汀步微露水面，使人跨步而过。园林中运用这种古老的渡水设施，质朴自然，别有情趣。将汀步美化成荷叶形，称为"莲步"，比较著名的汀步有桂林芦笛岩水榭水面上的汀步等。现代园林风格多样，汀步的造型较多地运用几何形式强调人工美。

3.2.10.2　汀步分类

（1）规则式汀步

规则式汀步多应用于庭院园林的水体中，一方面对庭院水体景观进行划分和组织，另一方面会使庭院水景增色并形成景观，同时，也能满足游人量不大的庭院园林游览的要求，其布置形式有直线和曲线两种，如图 3-45 所示。

图 3-45　规则式汀步

（2）自然式汀步

自然式汀步多应用于环境比较自然的水溪中，用以连接溪岸两边的园路，强调自然、协调，常用大块毛石固定于水中，一般要求毛石的上表面比较平坦，安排间距适中。

（3）仿生式汀步

仿生式汀步是指模拟诸如树桩、荷叶等自然形态的汀步，能够使水体景观尤其是在水生植物种植区的观赏效果更为朴素和协调，一般使用混凝土材料制成大小不等的形状，安置时多为自由摆放，但要符合便于游人通过的要求。

3.2.10.3　汀步铺装材质

汀步的材质大致分为自然石、加工石及人工石、木质等。自然石的选择，以呈平圆形或角形的花岗岩最为普遍；加工石依加工程度的不同，有保留自然外观而略做整形的石块，有经机械切片而成的石板等，外形相差很大；人工石是指水泥砖、混凝土制平板或砖块等，通常形状工整一致；木质的则如粗树杆横切成有轮纹的木墩、竹竿或枕木类的平摆等。无论何种材质，汀步的基本条件是：面要平坦，不滑，不易磨损或断裂，一组汀步的每块石板在形色上要类似而调和，不可差距太大。

3.2.10.4　汀步铺设

汀步设计应以便于游人行走为原则。汀步铺设时，先从确定行径开始，在预定铺设的地点来回走几趟，留下足迹，并把足迹重叠成最密集的点圈画起来，石板就安放在该位置上。一般成人的脚步间隔平均是 45～55cm，而适合成人行走步距的石板间缝宽一般为 15cm，汀步露出地面高度通常是 3～6cm。汀步的铺设形式如图 3-46 所示，其做法如图 3-47 所示。

施工的步骤为先行挖土，安置石块，再调整高度及石块间距，确定位置后，就可以填土，将石块固定，使石块在上面不摇晃。草坪汀步施工现场如图 3-48 所示。

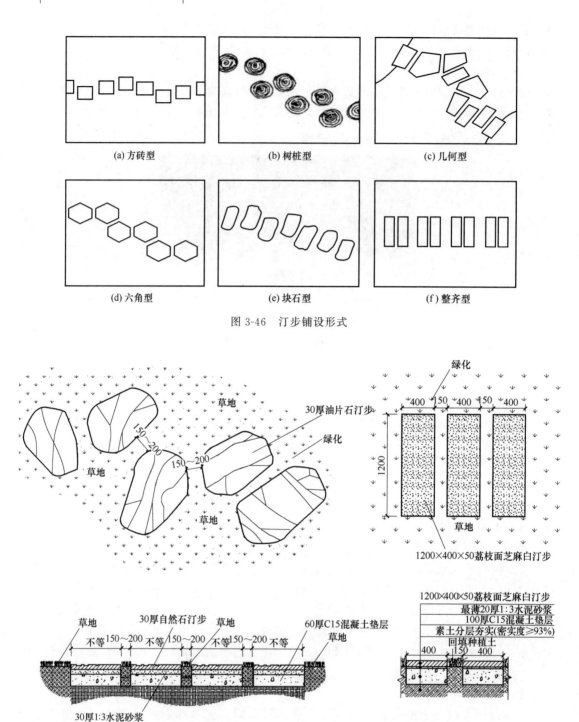

(a) 方砖型　　　　　　(b) 树桩型　　　　　　(c) 几何型

(d) 六角型　　　　　　(e) 块石型　　　　　　(f) 整齐型

图 3-46　汀步铺设形式

图 3-47　汀步做法

3.2.10.5　计算规则

按设计图示尺寸以体积计算。

3.2.10.6 案例解读

【例3-10】 某公园草坪汀步铺设如图3-49所示，为不规则铺设，采用材料为青石板（采用10块），试求其汀步工程量。

【解】 汀步工程量 $V = 10 \times (0.6 \times 0.3 \times 0.05) = 0.09$ （m^3）

【小贴士】 式中，10为青石板块数；0.6×0.3 为青石板铺设尺寸长与宽（m）；0.05为青石板厚度（m）。

图3-48 草坪汀步施工现场

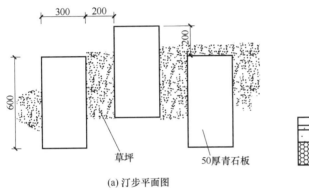

- 50厚青石板
- 30厚水泥砂浆黏合层
- 50厚C15混凝土基础
- 150厚碎石垫层夯实
- 素土夯实

300 200

200

600

草坪 50厚青石板

(a)汀步平面图 (b)汀步剖面图

图3-49 公园汀步铺设施工图

3.2.11 木制步桥

3.2.11.1 木制步桥的概念

木制步桥指建筑在庭园内的、由木材加工制作的、立桥孔洞5m以内、供游人通行兼有观赏价值的桥梁。这种桥易与园林环境融为一体，但其承载量有限，且不易长期保持完好状态，木材易腐蚀，所以，必须注意经常检查，及时更换相应材料。

3.2.11.2 木材选用

（1）原木木材

用于普通木结构的木材应从表3-3和表3-4所列的树种中选用。主要的承重构件应采用针叶材；重要的木制连接件应采用细密、直纹、无节疤和无其他缺陷的耐腐的硬质阔叶材。

表3-3 针叶树种木材适用的强度等级

强度等级	组别	适用树种
TC17	A	柏木、长叶松、湿地松、粗皮落叶松
	B	东北落叶松、欧洲赤松、欧洲落叶松
TC15	A	铁杉、油杉、太平洋海岸黄柏、花旗松—落叶松、西部铁杉、南方松
	B	鱼鳞云杉、西南云杉、南亚松
TC13	A	油松、西伯利亚落叶松、云南松、马尾松、扭叶松、北美落叶松、海岸松、日本扁柏、日本落叶松
	B	红皮云杉、丽江云杉、樟子松、红松、西加云杉、俄罗斯红松、欧洲云杉、北美山地云杉、北美短叶松

续表

强度等级	组别	适用树种
TC11	A	西北云杉、西伯利亚云杉、西黄松、云杉—松—冷杉、铁—冷杉、加拿大铁杉、杉木
	B	冷杉、速生杉木、速生马尾松、新西兰辐射松、日本柳杉

表 3-4　阔叶树种木材适用的强度等级

强度等级	适用树种
TB20	青冈、桐木、甘巴豆、冰片香、重黄婆罗双、重坡垒、龙脑香、绿心樟、紫心木、李叶苏木、双龙瓣豆
TB17	栎木、腺瘤豆、筒状非洲楝、蟹木楝、深红默罗藤黄木
TB15	锥栗、桦木、黄婆罗双、异翅香、水曲柳、红尼克樟
TB13	深红婆罗双、浅红婆罗双、白婆罗双、海棠木
TB11	大叶椴、心形椴

（2）胶合板

胶合板是用水曲柳、柳桉、椴木、桦木等木材，利用原木经过旋切成薄板，用三层以上成奇数的单板顺纹、横纹 90°垂直交错相叠，采用胶黏剂黏合，在热压机上加压而成。

胶合板由于各层板的纹理胶合时互相垂直，克服了木材翘曲胀缩等缺点，而且厚度小、板面宽大，减少了刨平、拼缝等工序，具有天然的木色和纹理，在使用性能上往往比天然木材优良，不仅节约了木材的消耗，而且增加了制品的美观程度。目前胶合板的用途非常广泛。

（3）纤维板

纤维板是将废木材用机械法分离成木纤维或预先经化学处理，再用机械法分离成木浆，再将木浆经过成型、预压、热压而成的板材。纤维板没有木色与花纹，其他特点和性能与胶合板大致相同，在构造上比天然木材均匀，而且无节疤、腐朽等缺陷。

3.2.11.3　计算规则

按桥面板设计图示尺寸以面积计算。

3.2.11.4　案例解读

【例 3-11】　某木桥桥面构造形式如图 3-50 所示，桥面铺装为 2400mm×240mm×50mm 木板，采用螺栓固定，试计算木制步桥的工程量。

【解】　木制步桥的工程量 $S＝长×宽＝8.5×2＝17（m^2）$

【小贴士】　式中，8.5 为木质步桥长度（m）；2 为木质步桥宽度（m）。

3.2.12　栈道

3.2.12.1　区分栈桥与栈道

架长桥为道路，是栈桥和栈道的根本特点。严格地讲，这两种园桥并没有本质上的区别，只不过栈桥更多是独立设置在水面上或地面上，如图 3-51 所示；而栈道则更多依傍于山壁或岸壁，如图 3-52 所示。

3.2.12.2　栈道的类别

根据栈道路面的支撑方式和栈道的基本结构方式，一般把栈道分为立柱式、斜撑式和插梁式三类，如图 3-53 所示。

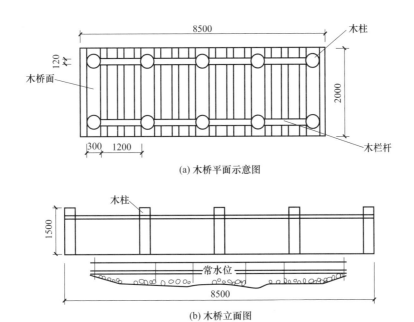

(a) 木桥平面示意图

(b) 木桥立面图

图 3-50 木桥示意图

图 3-51 栈桥

图 3-52 栈道

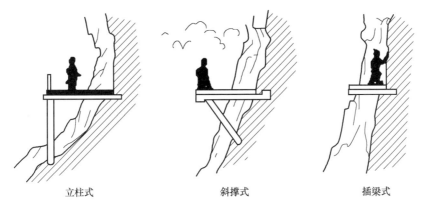

立柱式　　　　　斜撑式　　　　　插梁式

图 3-53 栈道的类别

（1）立柱式栈道

立柱式栈道适宜建在坡度较大的斜坡地带上，如图3-54所示。其基本承重构件是立柱和横梁，架设方式基本与板梁柱式园桥相同，不同处只是栈道的桥面更长。

（2）斜撑式栈道

在坡度更大的陡坡地带，采用斜撑式修建栈道比较合适，如图3-55所示。这种栈道的横梁一端固定在陡坡坡面上或山壁的壁面上，另一端悬挑在外；梁头下面用一斜柱支撑，斜柱的柱脚也固定在坡面或壁面上。横梁之间铺设桥板作为栈道的路面。

图 3-54　立柱式栈道

图 3-55　平梁斜撑式栈道

（3）插梁式栈道

在绝壁地带常采用这种栈道形式，如图3-56所示。其横梁的一端插入山壁上凿出的方形孔中并固定下来，另一端悬空，桥面板仍铺设在横梁上。

图 3-56　插梁式栈道

3.2.12.3　栈道的做法

上述栈道指的是沿悬崖峭壁修建的道路，但近年来，在一些经济条件较好的城市出现了用木材作为面层材料的园路，称为木栈道。天然木材具有独特的质感、色调和纹理，令步行者感到更为舒适，因此木栈道颇受欢迎，但木栈道造价和维护费用相对较高。木栈道所选的木材一般要经防腐处理，因此从保护环境和方便养护出发，应尽量选择耐久性强的木材，或选择加压注入对环境污染较小的防腐剂的木材。国内的木栈道多选用杉木，铺设方法和构造与室内木地板的铺设相似，但所选模板和龙骨材料厚度应大于室内，并应在木材表面涂刷防水剂、表面保护剂，且最好每两年涂刷一次着色剂。园林栈道的做法如图3-57所示。

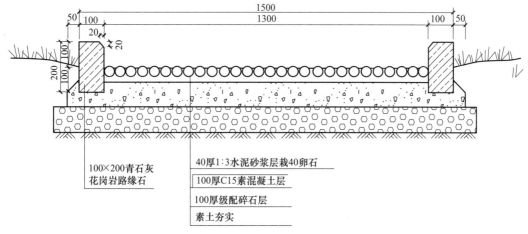

图 3-57 园林栈道的做法

3.2.12.4 计算规则

按栈道面板设计图示尺寸以面积计算。

3.3 驳岸、护岸

驳岸是一面临水的挡土墙,是支撑陆地土壤和防止岸壁坍塌的水工构筑物,能保证水体岸坡不受冲刷,并成为园林景观的一部分。

通常水体岸坡受水冲刷的程度取决于水面的大小、水位高低、风速及岸土的密实度等。当这些因素达到一定程度时,如果水体岸坡不做工程处理,就很容易因为水的浮托、冻胀或风浪淘刷而使岸壁塌陷。岸坡将因此失去稳定,导致陆地后退、岸线变形,从而影响园林景观、造成景观破坏,甚至影响行人安全。

驳岸可用来维系陆地与水面的界线,使其保证一定的比例关系。驳岸还能强化岸线的景观层次。不同的形式处理的驳岸,可增加岸线的变化,丰富水景的立面层次,增强景观的艺术效果。

在园林中,自然山地的陡坡、土假山的边坡、园路的边坡和水池岸边的陡坡,有时为顺其自然不做驳岸,而是改用斜坡伸向水中,这就要求能就地取材,采用各种材料做成护坡。护坡的主要作用是防止滑坡,减少水和风浪的冲刷,以保证岸坡的稳定。护坡通常又称为护岸。

3.3.1 石砌驳岸

3.3.1.1 石砌驳岸的概念 (音频 5-石砌驳岸)

石砌驳岸即用石块对园林水景岸坡的工程处理。石砌驳岸是园林工程中最为主要的护岸形式,它主要依靠墙身自重来保证岸壁的稳定,抵抗墙后土壤的压力。

3.3.1.2 石砌驳岸的构造

石砌驳岸主要由基础、墙身和压顶三部分组成,如图 3-58 所示。

基础是驳岸的承重部分,上部质量经基础传给土层。因此,基础要求坚固,埋入水底深

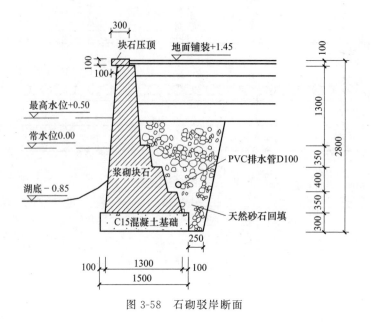

图 3-58　石砌驳岸断面

度不得小于 50cm。基础宽度要求在驳岸高度的 60%～80% 范围内。如果土质疏松，必须做基础处理。

墙身是基础与压顶之间的主体部分，多用混凝土、毛石、砖砌筑。墙身承受压力最大，主要是垂直压力、水的水平压力及墙后土壤侧压力，为此，墙身要确保一定厚度。墙体高度根据最高水位和水面浪高来确定。考虑到墙后土压力和地基沉降不均匀变化等，应设置沉降缝。为避免因温差变化而引起墙体破裂，一般每隔 10～25m 设伸缩缝一道，缝宽 20～30mm。岸顶以贴近水面为好，便于游人接近水面，并显得蓄水丰盈饱满。

压顶为驳岸最上部分，作用是增强驳岸的稳定性，阻止墙后土壤流失，美化水岸线。压顶用混凝土或大块石做成，宽度 30～50cm。如果水体水位变化大，即雨季水位很高，平时水位低，这时可将岸壁迎水面做成台阶状，以适应水位的升降。

（音频 6-石砌驳岸的施工工序）

3.3.1.3　计算规则

① 以"m³"计量，按设计图示尺寸以体积计算。

② 以"t"计量，按质量计算。

3.3.1.4　案例解读

【例 3-12】　某人工湖驳岸为石砌垂直型驳岸，如图 3-59 所示，高度方向尺寸 $H=1.6$m、

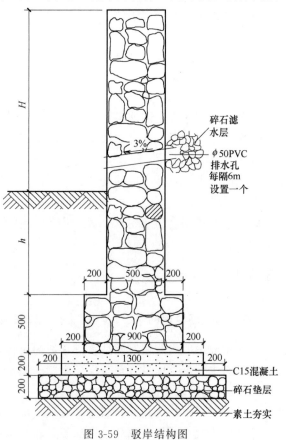

图 3-59　驳岸结构图

$h=0.9\mathrm{m}$，长 220m。石砌驳岸采用直径 $200\sim500\mathrm{mm}$ 自然面单体块石浆砌，M5 水泥砂浆砌筑，表面不露浆。求石砌驳岸清单工程量。

【解】 石砌驳岸按设计图示尺寸以体积计算。

石砌驳岸工程量 $V=[0.5\times(1.6+0.9)+0.9\times0.5]\times220=374(\mathrm{m}^{3})$

3.3.2　原木桩驳岸

3.3.2.1　概述

原木桩驳岸是指取伐倒的树干或适用的粗枝，按枝种、树径和作用的不同，横向截断成规定长度的木材，打桩筑成的驳岸。木桩要求耐腐、耐湿、坚固、无虫蛀，如柏木、松木、橡树、榆树、杉木等。木桩的规格取决于驳岸的要求和地基的土质情况，一般直径 $10\sim15\mathrm{cm}$，长 $1\sim2\mathrm{m}$，弯曲度小于 1%，如图 3-60 所示。

图 3-60　原木桩

3.3.2.2　施工图

图 3-61 所示为原木桩驳岸详图。

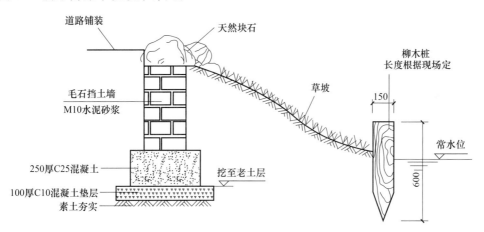

图 3-61　原木桩驳岸详图

木桩驳岸施工前，应先对木桩进行处理，比如：按设计图示尺寸将木桩的一头切削成尖锥状，以便于打入河岸的泥土中；或按河岸的标高和水平面的标高，计算出木桩的长度，再进行截料、削尖。

木桩入土前，还应在入土的一端涂刷防腐剂，涂刷沥青（水柏油），或对整根木桩进行涂刷防火、防腐、防蛀的涂料。

在施打木桩前，应对原有河岸的边缘进行整修，挖去一些泥土，或修整原有河岸的泥土，便于木桩打入。如果原有的河岸边缘土质较松，可能会塌方，那么还应进行适当的加固处理。

3.3.2.3　计算原则

① 以"m"计量，按设计图示桩长（包括桩尖）计算。

② 以"根"计量，按设计图示数量计算。

3.3.2.4 案例解读

【例 3-13】 某园林内人工湖为原木桩驳岸，如图 3-62 所示，木桩为柏木桩，桩高 1.65m，直径为 13cm，共 5 排，两桩之间距离为 20cm，打木桩时挖圆形地坑，地坑深 1m，半径为 8cm，试计算其清单工程量。

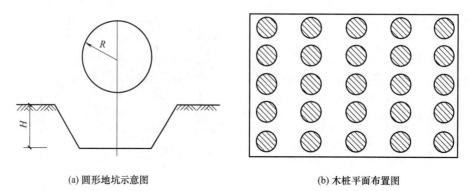

(a) 圆形地坑示意图   (b) 木桩平面布置图

图 3-62 原木桩驳岸示意图

【解】 工程量计算规则：以"m"计量，按设计图示桩长（包括桩尖）计算。

木桩长度 $L = 1$ 根木桩的长度 × 根数 = 1.65 × 25 = 41.25（m）

3.3.3 满铺砂卵石护岸

3.3.3.1 概述

满铺砂卵石护岸指将大量的卵石、砂石等按一定级配与层次堆积、散铺于斜坡式岸边，使坡面土壤的密实度增大，抗坍塌的能力也随之增强。在水体岸坡上采用这种护岸方式，在固定坡土方面能起一定的作用，还能够使坡面得到很好的绿化和美化，如图 3-63 所示。

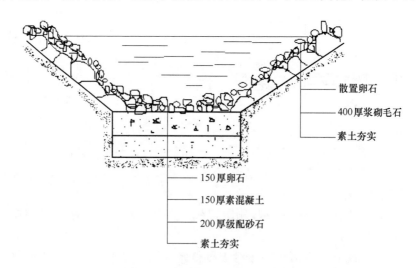

散置卵石
400 厚浆砌毛石
素土夯实

150 厚卵石
150 厚素混凝土
200 厚级配砂石
素土夯实

图 3-63 卵石护坡小溪结构剖面图

3.3.3.2 计算规则

① 以"m^2"计量，按设计图示尺寸以护岸展开面积计算。

② 以"t"计量，按卵石使用质量计算。

3.3.3.3　案例解读

【例 3-14】　某水景岸坡散铺砂卵石来保证岸坡稳定，该水池长 12m，宽 8m，岸坡宽 3.5m，如图 3-64 所示，试计算护岸工程量。

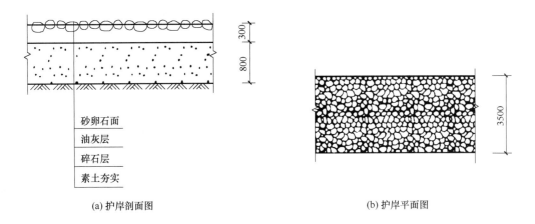

(a) 护岸剖面图　　　　　　　　　　　　　(b) 护岸平面图

图 3-64　砂卵石护岸构造示意图

【解】　砂卵石护岸工程量 $S=(12+8)×2×3.5=140$（m^2）

【小贴士】　式中，$(12+8)×2$ 为护岸长度（m）；3.5 为护岸宽度（m）。

3.3.4　点布大卵石

3.3.4.1　概念

如图 3-65 所示为点布大卵石。散铺砂卵石护岸（自然护岸）项目包括修边坡、铺卵石、点布大卵石。

3.3.4.2　计算规则

① 以"块（个）"计量，按设计图示数量计算。

② 以"t"计量，按卵石使用质量计算。

3.3.5　框格花木护岸

3.3.5.1　概述

框格花木护岸，一般是用预制的混凝土框格，覆盖、固定在陡坡坡面，从而固定、

图 3-65　点布大卵石

保护坡面，坡面上仍可种草种树。当坡面很高、坡度很大时，采用这种护坡方式的优点比较明显。因此，这种护坡最适于较高的道路边坡、水坝边坡、河堤边坡等的陡坡，如图 3-66 所示。

框格是由混凝土、塑料、铁件、金属网等材料制作的，每一个框格单元的设计形状和规格大小都可以有许多变化。框格一般是预制生产的，在边坡施工时再装配成各种简单的图形。用锚和矮桩固定后，再往框格中填满肥沃壤土，土要填得高于框格，并稍稍拍实，以免下雨时流水渗入框格下面冲刷走框底泥土，使框格悬空。

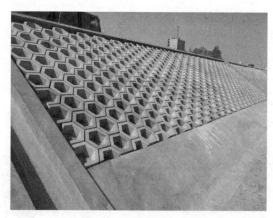

图 3-66 框格花木护岸

3.3.5.2 框格花草护岸施工图

先在边坡上用预制框格或混凝土砌筑框格，再在框格内置土种植绿色植物。如图 3-67 所示的柔性混凝土格栅即为一种常见的框格。为固定客土（为改良本处土壤而从别处移来的土），可与土工格室植草护坡、三维植被网护坡、浆砌片石骨架植草护坡、蜂巢式网格植草护坡结合使用。

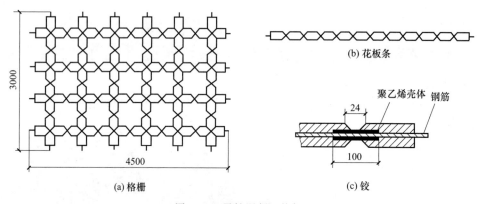

图 3-67 柔性混凝土格栅

3.3.5.3 计算规则

按设计图示尺寸展开宽度乘以长度以面积计算。

第④章 ▶▶▶

园林景观工程

4.1 园林景观工程识图

4.1.1 图例

4.1.1.1 山石图例

园林山石工程常用图例如表 4-1 所示。

表 4-1 园林山石工程常用图例

序号	名称	图例	说明
1	山石假山	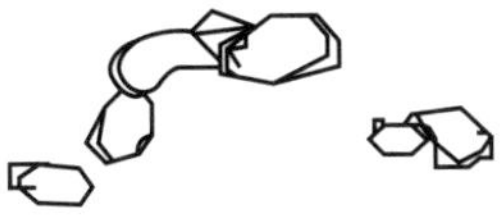	根据设计绘制具体形状,人工塑山需要标注文字
2	土石假山	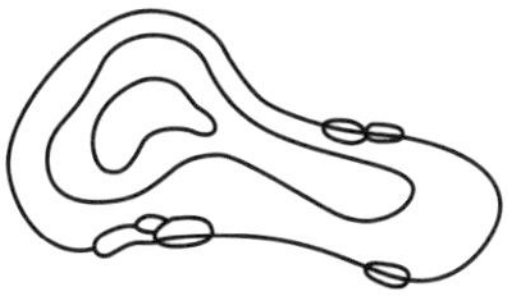	包括"土包石""石包土"及"土假山",依据设计绘制具体形状
3	独立景石		依据设计绘制具体形状

4.1.1.2 常用的景观小品图例

景观小品工程常用的图例如表 4-2 所示。

表 4-2 景观小品工程常用图例

序号	名称	图例	说明
1	花架	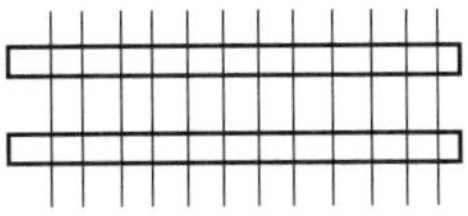	依据设计绘制具体形状,用于总图

续表

序号	名称	图例	说明
2	坐凳	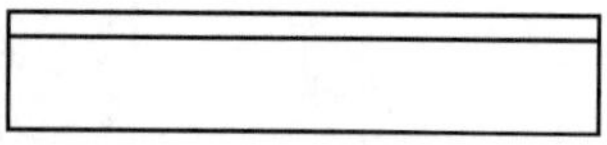	用于表示座椅的安放位置,单独设计的根据设计形状绘制,文字说明
3	喷泉	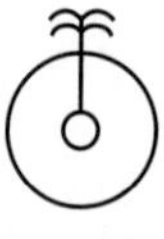	仅表示位置,不表示具体形态
4	通用阀门		—
5	围墙	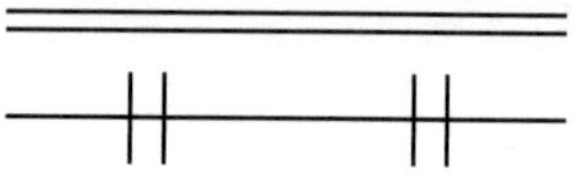	上图为实砌或镂空围墙,下图为栅栏或篱笆围墙
6	栏杆	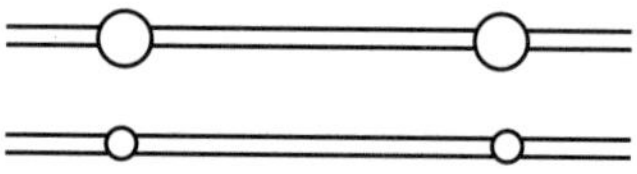	上图为非金属栏杆,下图为金属栏杆
7	标识牌		
8	垃圾桶		仅表示位置,不表示具体形态,根据实际绘制效果确定大小;也可依据设计形态表示
9	雕塑	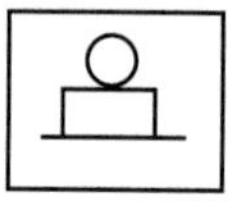	

4.1.2　园林景观识图

4.1.2.1　亭 (视频 1-亭廊的分类)

亭的体形小巧,造型多样。亭的柱身部分大多开敞、通透,置身其间有良好的视野,便于眺望、观赏。柱间下部分常设半墙、坐凳或鹅颈椅,供游人坐憩。亭的上半部分常悬纤细精巧的挂落,用以装饰。亭的占地面积小,最适合于点缀园林风景,也易与园林中各种复杂的地形、地貌相结合,与环境融为一体。

亭的各种形式见表 4-3。

4.1.2.2　廊

廊又称游廊,是联系交通、连接景点的一种狭长的棚式建筑,它可长可短,可直可曲,随形而弯。园林中的廊是亭的延伸,是联系风景点建筑的纽带,随山就势,逶迤蜿蜒,曲折迂回。廊既能引导视角多变的导游交通路线,又可划分景区空间,丰富空间层次,增加景深,是中国园林建筑群体的重要组成部分。

廊的基本形式见表 4-4。

4.1.2.3　喷泉

喷泉工程常见水形见表 4-5。

表 4-3 亭的形式

名称	平面基本形式示意图	立体基本形式示意图	平面组合形式示意图
三角亭			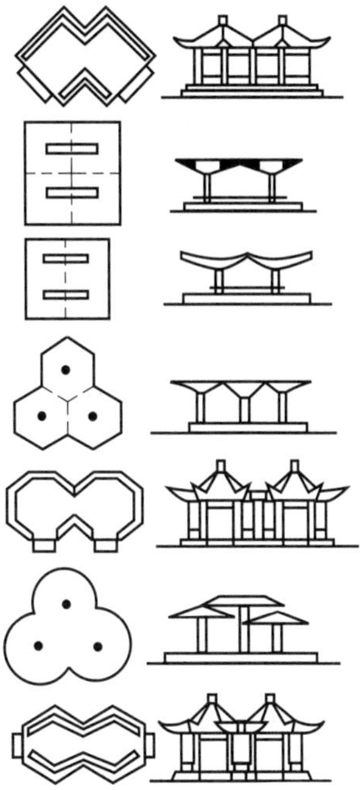
方亭	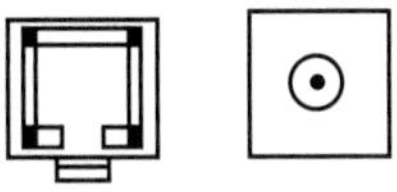		
长方亭	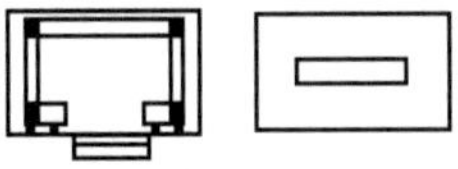	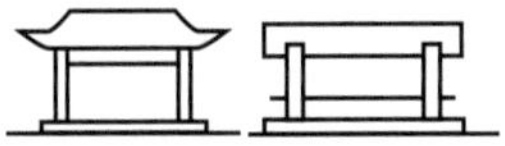	
六角亭	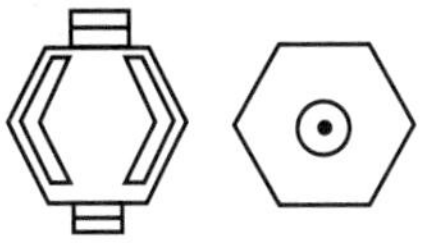	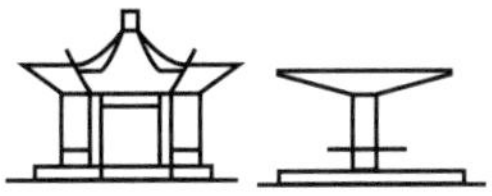	
八角亭	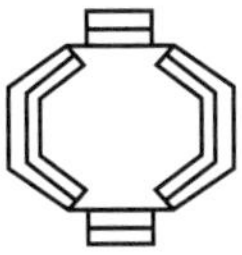	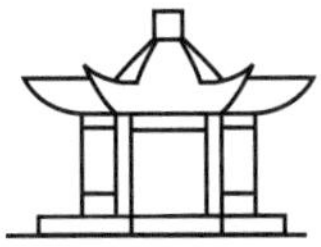	
圆亭	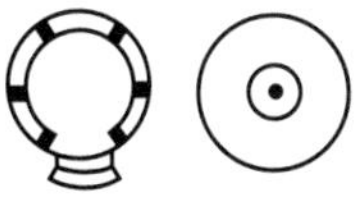	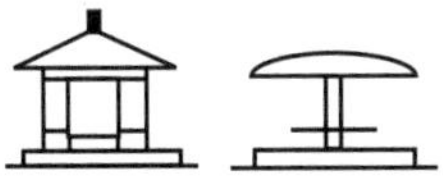	
扇形亭	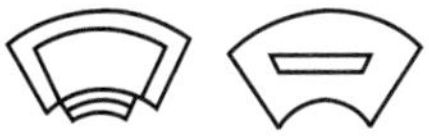		
双层亭	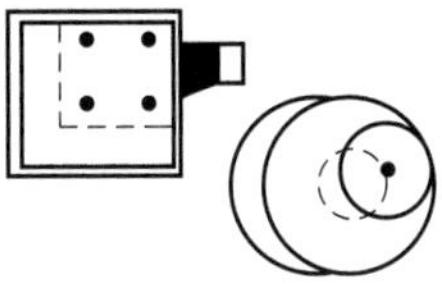	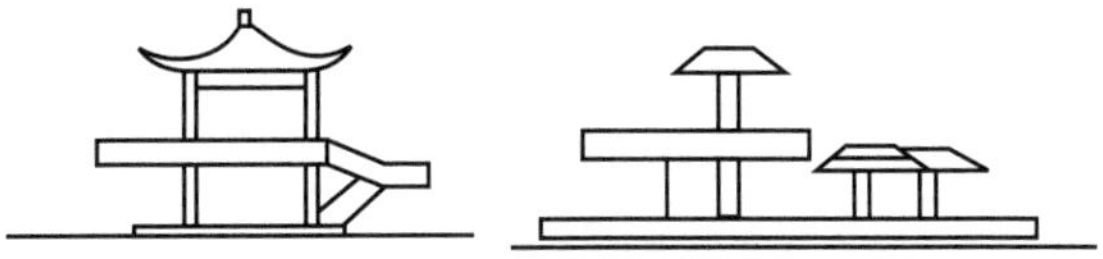	

表 4-4 廊的基本形式

分类依据	类型	示意图	类型	示意图
按横剖面形式分类	单面空廊	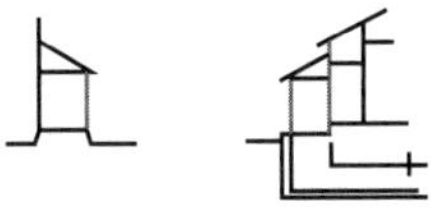	复廊	
	双面空廊		暖廊	
	单支柱廊	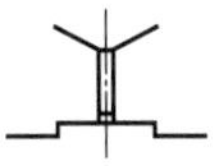	双层廊	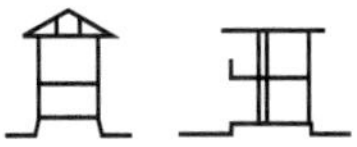

续表

分类依据	类型	示意图	类型	示意图
按整体造型分类	直廊	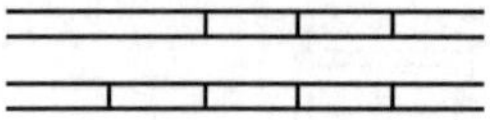	爬山廊	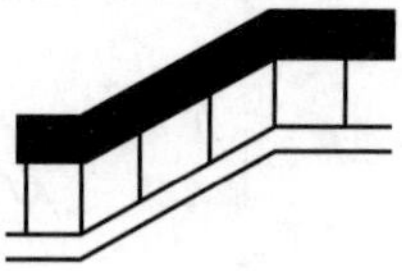
	曲廊		叠落廊	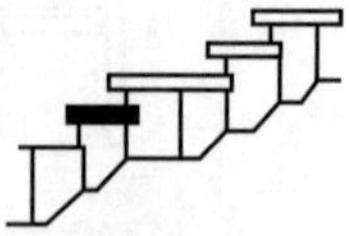
	抄手廊	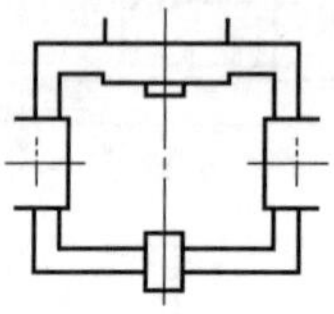	桥廊	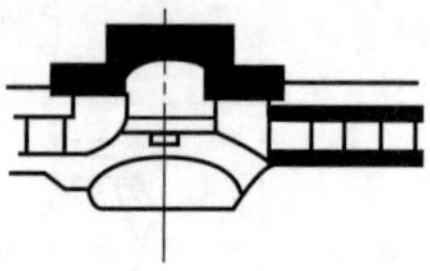
	回廊	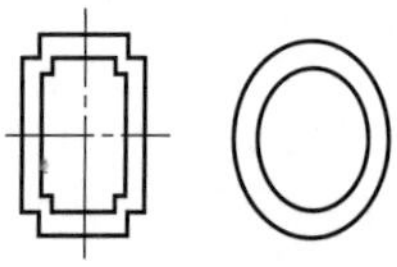	水廊	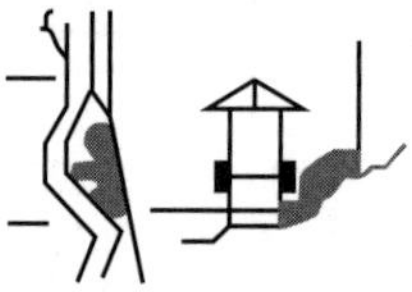

表 4-5　喷泉工程常见水形

名称	图例	说明
普通装饰性喷泉	 垂直喷水　圆柱形　垂直+圆柱形　倾斜形　平行复列形	各种普通的水花图案组成的固定喷水型喷泉
与雕塑结合的喷泉	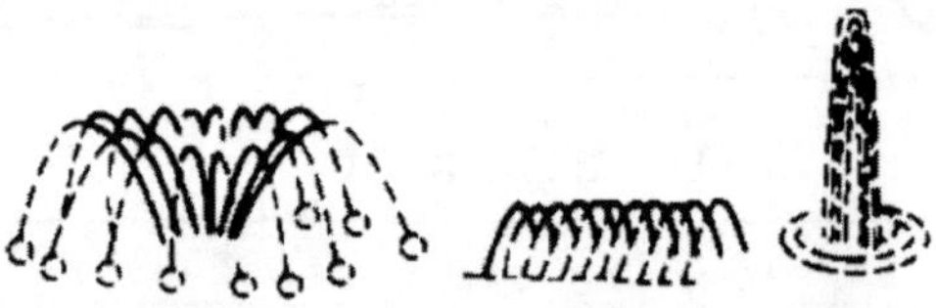 冠形　拱形　树木形	各种喷水花形与雕塑、水盘、观赏柱等共同组成景观
水雕喷泉	 圆弧形　放射喷水　圆顶形　球形　蜡烛形	用人工或机械塑造出各种抽象的或具象的喷水水形,其水形呈某种艺术性"形体"的造型
自控喷泉	 蘑菇圆头形　喇叭花形	利用各种电子技术,按设计程序来控制水、光、音、色的变化,从而形成变幻多姿的奇异水景

4.2　堆塑假山

4.2.1　堆砌石假山　（视频 2-中国六大假山）

4.2.1.1　概念

堆砌石假山的材料主要是自然山石，只在石间空隙处填土配植植物。这种假山一般规模都比较小，主要用在庭院、水池等空间比较闭合的环境中，或者作为瀑布、滴泉的山体应用。

堆砌石假山如图 4-1 所示。

(a) 堆砌石假山立面图　　　　　　　　　(b) 堆砌石假山实物图

图 4-1　堆砌石假山示意图

4.2.1.2　计算规则及计算公式

（1）计算规则

按设计图示尺寸以石料质量计算。

（2）计算公式

$$W = AHRK \tag{4-1}$$

式中　W——石料质量，t；

A——假山平面轮廓的水平投影面积，m^2；

H——假山着地点至最高点的垂直距离，m；

R——石料密度，t/m^3，其中黄（杂）石为 $2.6t/m^3$，湖石为 $2.2t/m^3$；

K——折算系数，高度在 2m 以内 $K=0.65$，高度在 4m 时 $K=0.56$，高度 2～4m 采用内插法取值。

4.2.1.3　案例解读

【例 4-1】　公园内有一堆砌石假山，如图 4-2 所示。山石材料为黄石，山高 4m，假山平面轮廓的水平投影外接矩形长 8m、宽 4.5m，投影面积为 $28m^2$。假山下为混凝土基础，40mm 厚砂石垫层，110mm 厚 C10 混凝土，1：3 水泥砂浆砌山石。石间空隙处填土配植有小灌木，①处配植法国冬青一株，试求工程量。

【解】　（1）堆砌石假山

堆砌石假山工程量 $=28 \times 4 \times 2.6 \times 0.56 = 163.07$（t）

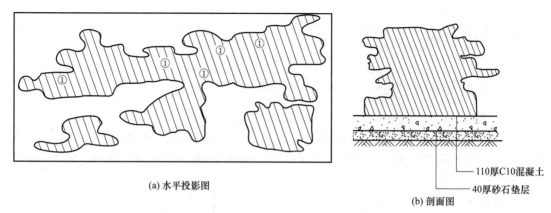

(a) 水平投影图

110厚C10混凝土
40厚砂石垫层

(b) 剖面图

图 4-2   某堆砌石假山水平投影图、剖面图

【小贴士】 式中，28 为假山的投影面积（m^2）；4 为山高（m）；2.6 为石料的密度（t/m^3），题干山石材料为黄石，所以取 2.6t/m^3；0.56 为折算系数，题干山高为 4m，所以取 $K=0.56$。

（2）栽植灌木

工程量计算规则：以"株"计量，按设计图示数量计算。

法国冬青工程量＝5 株

4.2.2 塑假山

4.2.2.1 概述

在现代园林中，为了降低假山石景的造价和增强假山石景景物的整体性，常常采用水泥材料以人工塑造的方式来制作假山或石景，称为塑假山。做人造山石，一般以铁条或钢筋为骨架做成山石模坯与骨架，然后再用小块的英德石贴面，贴英德石时注意理顺皱纹，并使色泽一致，最后塑造成的山石就会比较逼真。

4.2.2.2 塑假山的画法表现

塑假山的画法表现如图 4-3 所示。

4.2.2.3 计算规则

按设计图示尺寸以外围展开面积计算。

4.2.2.4 案例解读

【例 4-2】 有一人工塑假山，如图 4-4 所示。采用钢骨架，山高 9m，占地 $30m^2$，假山地基为混凝土基础，35mm 厚砂石垫层，C10 混凝土厚 100mm，素土夯实。假山上有人工安置白果笋 1 支，高 1.8m；景石 3 块，平均长 1.5m、宽 1m、高 1.2m；零星点布石 5 块，平均长 0.8m、宽 0.7m、高 0.6m。景石和零星点布石为黄石。假山山皮料为小块英德石，每块高 2.2m、宽 1.8m，共 70 块，需要人工运送 50m 远。试求其清单工程量。

【解】 （1）塑假山

工程量计算规则：按设计图示尺寸以外围占地面积计算。

塑假山工程量＝$30m^2$

（2）白果笋

工程量计算规则：以"块（支、个）"计量，按设计图示数量计算。

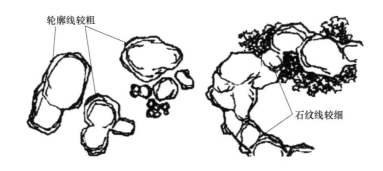

(a) 山石平面画法表现

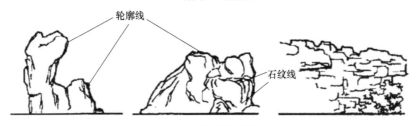

(b) 山石立面画法表现

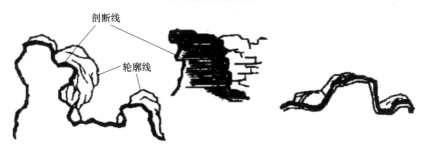

(c) 山石剖面画法表现

图 4-3　塑假山的画法表现

白果笋工程量＝1 支

（3）景石

工程量计算规则：以"块（支、个）"计量，按设计图示数量计算。

景石工程量＝3 块

（4）零星点布石

工程量计算规则：以"块（支、个）"计量，按设计图示数量计算。

零星点布石工程量＝5 块

4.2.3　点风景石

4.2.3.1　概述

点风景石是一种点布、独立、不具备山形，但以奇特的形状为审美特征的石质观赏品，也可表示

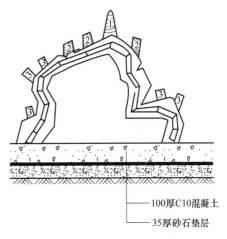

图 4-4　人工塑假山剖面图
1—白果笋；2—景石；3—零星点布石

以石材或仿石材布置成自然露岩景观的造景手法。用于点风景石的石料有湖石等，它包括太湖石、仲宫石、房山石、英德石和宣石等。

点风景石还可结合挡土、护坡和作为种植床等实用功能，用以点缀风景园林空间。点风景石时要注意石身之形状和纹理，宜立则立、宜卧则卧，纹理和背向需要一致。其选石多半应选具有"透、漏、瘦、皱、丑"特点的具有观赏性的石材。点风景石所用的山石材料较少，结构比较简单，施工也相对简单。

4.2.3.2 示意图

点风景石示意图如图 4-5 所示。

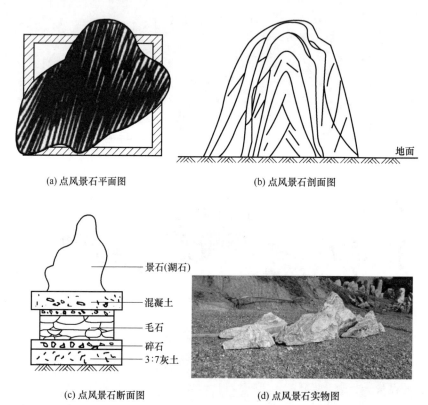

(a) 点风景石平面图　　　　　　　　(b) 点风景石剖面图

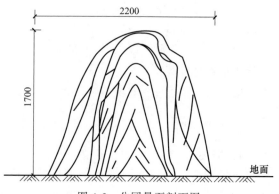

(c) 点风景石断面图　　　　　　　　(d) 点风景石实物图

图 4-5　点风景石示意图

4.2.3.3 计算规则

按设计图示石料质量计算。

4.2.3.4 案例解读

【例 4-3】 某公园建一景石，景石的剖面图如图 4-6 所示，已知长度方向的平均值为 2.8m，宽度方向的平均值为 1.5m，高度方向的平均值为 1.6m，石料为黄（杂）石，密度为 2.8t/m³，试求该山石单体的工程量。

【解】 山石单体工程量 $W = (2.8 \times 1.5 \times 1.6) \times 2.8 = 18.82$（t）

图 4-6　公园景石剖面图

4.2.4 山石护角

4.2.4.1 概念

山石护角是指土山或堆石山的山角堆砌的山石，起挡土和点缀的作用。山石护角是为了使假山呈现设计预定的轮廓而在转角用山石设置的保护山体的一种措施，它是带土假山的一种做法。

4.2.4.2 实物图

山石护角实物图如图 4-7 所示。

4.2.4.3 计算规则

按设计图示尺寸以体积计算。

4.2.4.4 案例解读

【例 4-4】 小游园内有一座土堆筑假山，用块石做长 1.4m、宽 0.5m、高 0.9m 的护角，如图 4-8 所示，试求山石护角工程量。

图 4-7 山石护角实物图

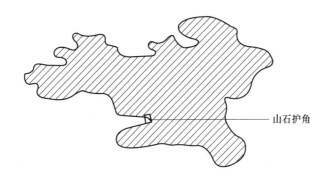

山石护角

图 4-8 山石护角平面图

【解】 山石护角工程量 $V = 长 \times 宽 \times 高$
$$= 1.4 \times 0.5 \times 0.9$$
$$= 0.63 \ (\mathrm{m}^3)$$

4.2.5 山坡石台阶

4.2.5.1 概念

山坡石台阶指随山坡而砌的石质台阶，多使用不规则的块石。砌筑的台阶一般无严格统一的每步台阶高度限制，踏步和踢脚无须石表面加工或仅做少许加工（打荒）。制作山坡石台阶所用石料规格应符合要求，一般片石厚度不得小于 15cm，不得有尖锐棱角；块石应有两个较大的平行面，形状大致方正，厚度为 20～30cm，宽度为厚度的 1～1.5 倍，长度为厚度的 1.5～3 倍；粗料石厚度不得小于 20cm，宽度为厚度的 1～1.5 倍，长度为厚度的 1.5～4 倍，要错缝砌筑。

4.2.5.2 实物图

山坡石台阶的实物图如图 4-9 所示。

图 4-9　山坡石台阶的实物图

4.2.5.3　计算规则

按设计图示尺寸以水平投影面积计算。

4.2.5.4　案例解读

【例 4-5】　有一带土假山修有山坡石台阶，如图 4-10 所示。每个台阶长 0.6m、宽 0.4m、高 0.2m，共 12 级，所有山石材料均为黄石。试计算石台阶清单工程量。

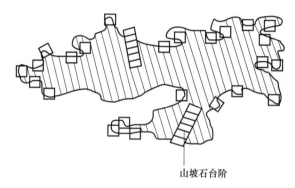

山坡石台阶

图 4-10　山坡石台阶示意图

【解】　石台阶工程量 $S =$ 长×宽×台阶数

$$= 0.6 \times 0.4 \times 12$$
$$= 2.88 \ (\text{m}^2)$$

4.3　原木、竹构件

4.3.1　原木柱、梁、檩、椽、墙

4.3.1.1　概念

原木（带树皮）柱、梁、檩、椽、墙主要指取伐倒木的树干，也可取适用的粗枝，按树种、树径和用途的不同，只进行横向截断成规定长度的木材做成的构件，包括柱、梁、檩、椽、墙等。

4.3.1.2　示意图

原木柱、梁、檩、椽、墙示意图如图 4-11 所示。

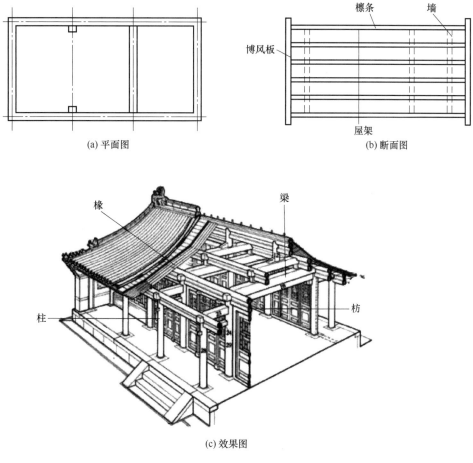

(a) 平面图　　　　　　　　　(b) 断面图

(c) 效果图

图 4-11　原木柱、梁、檩、椽、墙示意图

4.3.1.3　计算规则

按设计图示尺寸以长度计算（包括榫长）。

4.3.1.4　案例解读

【例 4-6】　某景区有一座六角亭，如图 4-12 所示，其屋面坡顶交汇成一个尖顶，于六个

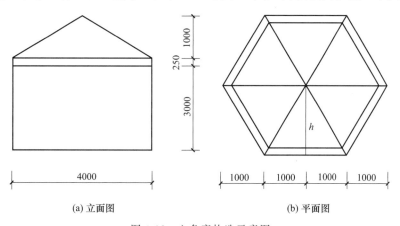

(a) 立面图　　　　　　　　　(b) 平面图

图 4-12　六角亭构造示意图

角处有 6 根梢径为 18cm 的木柱子，亭屋面板为预制混凝土攒尖亭屋面板，板厚 16mm，采用灯笼锦纹样的树枝吊挂楣子装饰亭子，试求六角亭木柱子的工程量。

【解】 六角亭木柱子工程量＝3.0×6

$$=18 （m）$$

【小贴士】 式中，3.0 为柱子的长度（m）；6 为根数。

4.3.2 竹柱、梁、檩、椽、墙

4.3.2.1 概念

竹柱、梁、檩、椽、墙指用竹材料加工制作而成的柱、梁、檩、椽、墙构件，在园林中亭、廊、花架等使用较多。

4.3.2.2 实物图

竹柱、梁、檩、椽、墙实物图如图 4-13 所示。

4.3.2.3 计算规则

按设计图示尺寸以长度计算。

4.3.2.4 案例解读

【例 4-7】 一三角亭为竹制结构，如图 4-14 所示，组成亭子的柱、梁、檩条和椽全为竹竿，柱子每根长 3.3m，半径为 0.15m，共 3 根。梁每根长 2.5m，半径为 0.15m，共

图 4-13 竹柱、梁、檩、椽、墙实物图

3 根。檩条每根长 2.0m，半径为 0.1m，共 12 根。椽每根长 0.3m、半径为 0.1m，共 66 根。试求工程量。

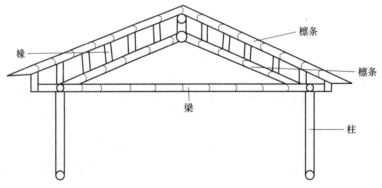

图 4-14 三角竹亭一面结构示意图

【解】 竹亭工程量计算如下：

柱长＝3.3×3＝9.9（m）

梁长＝2.5×3＝7.5（m）

檩条长＝2.0×12＝24（m）

椽长＝0.3×66＝19.8（m）

【小贴士】 式中，3.3 为单根柱子的长度（m）；2.5 为单根梁的长度（m）；2.0 为单根檩条的长度（m）；0.3 为单根椽的长度（m）；3 为柱的根数；3 为梁的根数；12 为檩条的根数；66 为椽的根数。

4.3.3 竹吊挂楣子

4.3.3.1 概念

竹吊挂楣子是用竹材加工制成的吊挂楣子，通过用竹材制作成各种花纹图案起到装饰作用。

🔊（音频 1-竹吊楣子刷防护漆时的要求）

4.3.3.2 示意图

竹吊挂楣子实物图、构造图如图 4-15 所示。

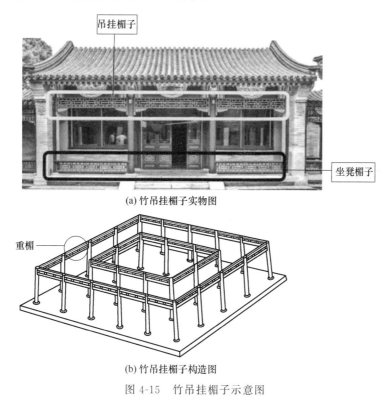

吊挂楣子

坐凳楣子

(a) 竹吊挂楣子实物图

重楣

(b) 竹吊挂楣子构造图

图 4-15 竹吊挂楣子示意图

4.3.3.3 计算规则

按设计图示尺寸以框外围面积计算。

4.3.3.4 案例解读

【例 4-8】 某以竹子为原料制作的亭子，亭子由 6 根直径为 10cm、长 2m 的竹子作柱子，4 根直径为 10cm、长 1.8m 的竹子作梁，4 根直径为 6cm、长 1.6m 的竹子作檩条，64 根直径为 4cm、长 1.2m 的竹子作椽，并在檐枋下倒挂着竹子做的斜万字纹的竹吊挂楣子，宽 15cm，结构布置如图 4-16 所示，试求竹吊挂楣子的工程量。

【解】 竹吊挂楣子工程量＝3.14×2.8×0.15＝1.32（m²）

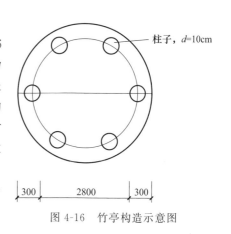

柱子，d=10cm

| 300 | 2800 | 300 |

图 4-16 竹亭构造示意图

【小贴士】 式中，3.14 为圆周率；2.8 为亭子的直径（m）；0.15 为竹吊挂楣子的宽度（m）。

4.4 亭廊屋面

4.4.1 竹屋面

4.4.1.1 概念

竹屋面是指由竹材料铺设成的建筑顶层的构造层，其坡度要求与草屋面基本相同。竹作为建筑材料，在园林建筑和小品中应用广泛，如各种竹亭、竹廊、竹门、竹篱、竹花格等，凭其纯天然的色彩和质感，给人们贴近自然、返璞归真的感觉，受到广大游人的喜爱。

竹材的力学强度很高，抗拉、抗压强度优于木材，富有弹性，不易折断，但刚性差，易变形，易开裂。因竹材是有机物，所以作为建筑材料时必须进行防腐、防蛀处理。

4.4.1.2 竹屋面图

竹屋面实物图、示意图如图 4-17 所示。

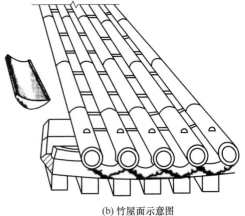

(a) 竹屋面实物图　　　　　　　　　　　　(b) 竹屋面示意图

图 4-17　竹屋面图

4.4.1.3 计算规则

按设计图示尺寸以实铺面积计算（不包括柱、梁）。

4.4.1.4 案例解读

【例 4-9】 现有一座竹制的小屋，结构造型如图 4-18 所示，小屋长×宽×高为 5m×4m×2.5m，已知竹梁所用竹子直径为 12cm，竹檩条所用竹子直径为 8cm，做竹椽所用竹子直径为 5cm，竹编墙所用竹子直径为 1cm，采用竹框墙龙骨，竹屋面所用的竹子直径为1.2cm，试求竹屋面工程量。

【解】 竹屋面工程量＝5.0×2.5×2＝25（m²）

【小贴士】 式中，5.0 为屋面长（m）；2.5 为屋面宽；2 为有两个面。

4.4.2 预制混凝土穹顶

4.4.2.1 概念

穹顶是指屋顶形状似半球形的拱顶。预制混凝土穹顶指在施工现场安装之前，在预制加

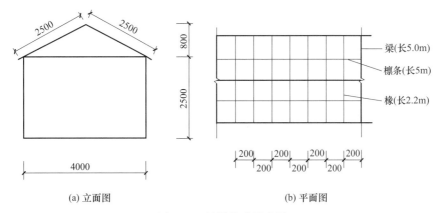

(a) 立面图   (b) 平面图

图 4-18   竹屋构造示意图

工厂预先加工而成的混凝土穹顶。

4.4.2.2   实物图

预制混凝土穹顶实物图如图 4-19 所示。

图 4-19   预制混凝土穹顶实物图

4.4.2.3   计算规则

按设计图示尺寸以体积计算，混凝土脊和穹顶的肋、基梁并入屋面体积。

4.4.2.4   案例解读

【例 4-10】   某亭顶为预制混凝土半球形的凉亭，其亭顶的结构及尺寸如图 4-20、图 4-21 所示。试根据图示尺寸计算其工程量。

(1) 空心半球体的工程量

空心半球体的工程量＝半球体 AOB 的体积－半球体 KOL 的体积

$$= \left[\frac{4}{3} \times \pi \times 1.5^3 - \frac{4}{3} \times \pi \times (1.5-0.06)^3 \right] / 2$$

$$= 0.815 \ (m^3)$$

(2) 等腰梯形体的工程量

梯形的高 $= \sqrt{AD^2 - DG^2} = \sqrt{1.5^2 - 1^2} = 1.12$ （m）

在梯形体 $ABCD$ 中

上表面面积 $S_1 = AB \times BI = 3 \times 3 = 9$ （m^2）

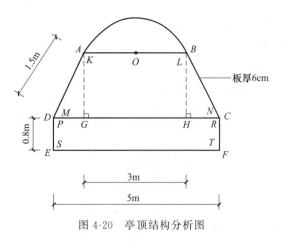

图 4-20 亭顶结构分析图

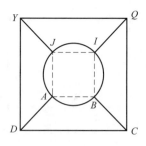

图 4-21 亭顶平面图

下表面面积 $S_2 = DC \times CQ = 5 \times 5 = 25$（$\text{m}^2$）

在梯形体 $KLNM$ 中

上表面面积 $S_3 = (3 - 0.06 \times 2) \times (3 - 0.06 \times 2) = 8.29$（$\text{m}^2$）

下表面面积 $S_4 = (5 - 0.06 \times 2) \times (5 - 0.06 \times 2) = 23.81$（$\text{m}^2$）

等腰梯形体的工程量＝梯形体 $ABCD$ 的体积－梯形体 $KLMN$ 的体积

$$= \frac{1}{3}(S_1 + S_2 + \sqrt{S_1 S_2})H - \frac{1}{3}(S_3 + S_4 + \sqrt{S_3 S_4})H$$

$$= \frac{1}{3}(9 + 25 + \sqrt{9 \times 25}) \times 1.12 - \frac{1}{3}(8.29 + 23.81 + \sqrt{8.29 \times 23.81}) \times 1.12$$

$$= 1.07 (\text{m}^3)$$

（3）长方体 $DEFC$ 的工程量

长方体的工程量＝$[5 \times 5 - (5 - 0.06 \times 2) \times (5 - 0.06 \times 2)] \times 0.8 = 0.95$（$\text{m}^3$）

（4）亭顶工程量

亭顶工程量＝$0.815 + 1.07 + 0.95 = 2.835$（$\text{m}^3$）

4.4.3 彩色压型钢板（夹芯板）攒尖亭屋面板

4.4.3.1 概念

彩色压型钢板是以冷轧薄钢板为基板，经镀锌或镀铝后覆以彩色涂层再经辊弯成型的波纹板材，是一种质量轻、强度高、外形美观、抗震性能好的新型建材，广泛用于建筑屋面及墙面围护材料，也可以与保温防水材料复合使用。

4.4.3.2 攒尖亭屋面板图

彩色压型钢板（夹芯板）攒尖亭屋面板实物图如图 4-22 所示。

4.4.3.3 计算规则

按设计图示尺寸以实铺面积计算。

【例 4-11】 小游园中有一凉亭为攒尖亭，屋面板材质为彩色压型钢板（夹芯板），屋面坡度为 1∶50，亭屋面板为压型钢，找坡层最薄处 30mm，相关尺寸示意如图 4-23

图 4-22 彩色压型钢板（夹芯板）攒尖亭屋面板

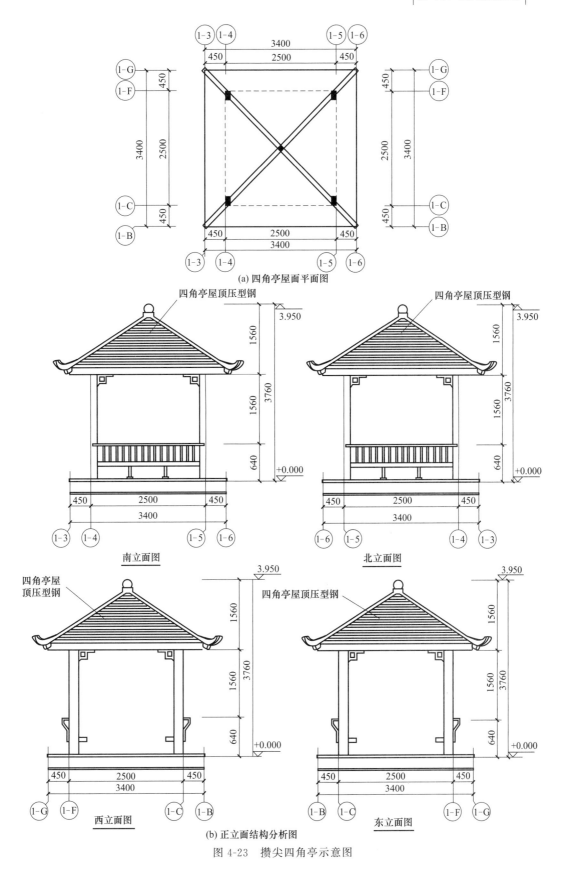

(a) 四角亭屋面平面图

南立面图　　北立面图

西立面图　　东立面图

(b) 正立面结构分析图

图 4-23　攒尖四角亭示意图

所示，试求攒尖四角亭屋面彩色压型钢板铺设工程量。

【解】 攒尖亭屋面铺设面积 $S = 3.4 \times \sqrt{1.7^2 + 1.56^2} \times 1/2 \times 4 = 15.69$（$m^2$）

【小贴士】 式中，3.4 为攒尖亭宽度（m）；$\sqrt{1.7^2 + 1.56^2}$ 为攒尖亭斜面高度（m）；4 代表攒尖亭有四个面。

4.4.4 玻璃屋面

4.4.4.1 概念

中国园林中的亭子大多是用茅草、木、竹、砖、石、青瓦、琉璃瓦建造的，而现代亭子除了用传统材料外，还运用了许多新材料，如混凝土、张拉膜、防腐木、防水材料、玻璃以及 PC 板等。

4.4.4.2 玻璃屋面框架图

玻璃屋面框架图如图 4-24 所示。

图 4-24　玻璃屋面框架图

4.4.4.3 计算规则

按设计图示尺寸以实铺面积计算。

4.4.4.4 案例解读

【例 4-12】 某建筑屋顶结构层是玻璃屋面，如图 4-25 所示，试根据图示尺寸计算屋面工程量。

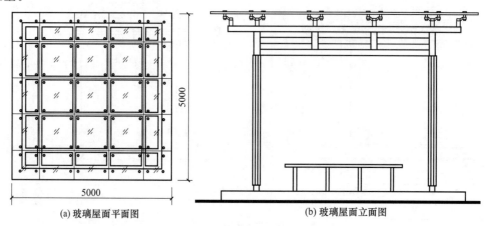

(a) 玻璃屋面平面图　　　　　　　　(b) 玻璃屋面立面图

图 4-25　玻璃屋面平面图、立面图

【解】　玻璃屋面工程量 $S = 5 \times 5 = 25$（m^2）

4.5　花架

4.5.1　现浇混凝土花架柱、梁

4.5.1.1　概念

钢筋混凝土材料是最常见的材料，可根据设计要求浇筑成各种形状。也可将混凝土制成预制构件，现场安装。混凝土使用方法灵活多样，经久耐用，使用十分广泛。

现浇混凝土花架柱、梁是指直接在现场支模、绑扎钢筋、灌注混凝土而成形的花架柱、梁。花架的梁一般为连系梁。连系梁是用以将平面排架、框架或剪力墙等结构或构件连接起来，以形成完整的空间结构体系的梁，也可称连梁或系梁。

4.5.1.2　现浇混凝土花架柱、梁图

现浇混凝土花架柱、梁示意图、实物图如图 4-26 所示。

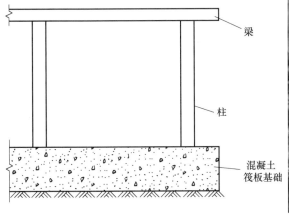

(a) 现浇混凝土花架柱、梁示意图　　　　　(b) 现浇混凝土花架柱、梁实物图

图 4-26　现浇混凝土花架柱、梁图

4.5.1.3　计算规则

按设计图示尺寸以体积计算。

4.5.1.4　案例解读

【例 4-13】　某公园花架用现浇混凝土花架柱、梁搭接而成，已知花架总长度为 7.49m、宽 2.5m，柱有 10 根，梁有 2 根，花架柱、梁具体尺寸、布置形式如图 4-27 所示，该花架基础为混凝土基础，试计算其柱、梁的清单工程量。

【解】　现浇混凝土花架工程量计算如下：

（1）混凝土柱

$V_{柱} =$ 柱高 × 柱截面长 × 柱截面宽 × 数量

$\quad\quad = (2.5 \times 0.15 \times 0.15) \times 10$

$\quad\quad = 0.5625$（m^3）

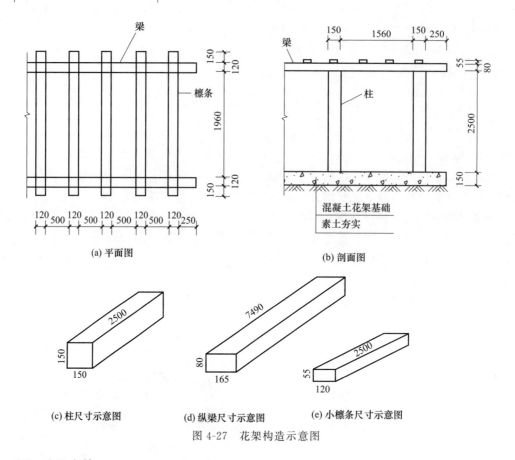

(a) 平面图　　　　　　　　　　(b) 剖面图

(c) 柱尺寸示意图　　(d) 纵梁尺寸示意图　　(e) 小檩条尺寸示意图

图 4-27　花架构造示意图

（2）混凝土梁

$V_{梁}$＝梁长×梁截面长×梁截面宽×数量

＝（7.49×0.165×0.08）×2

＝0.198（m^3）

4.5.2　预制混凝土花架柱、梁

4.5.2.1　概念

　　预制混凝土花架柱、梁是指在施工现场安装之前，按照花架柱、梁各部件的有关尺寸，进行预先下料，加工成的组合部件。也可指在预制加工厂订购的各种花架柱、梁等构件。采用预制构件的优点是可以提高机械化程度，加快施工现场安装速度，降低成本、缩短工期。

4.5.2.2　预制混凝土花架柱、梁实物图

　　预制混凝土花架柱、梁实物图如图 4-28 所示。

4.5.2.3　计算规则

　　按设计图示尺寸以体积计算。

4.5.2.4　案例解读

　　【例 4-14】　某景区要搭建一座花架，如

图 4-28　预制混凝土花架柱、梁实物图

图 4-29 所示，预先按设计尺寸用混凝土浇筑好花架柱、梁、檩条备用。已知柱子边长为
0.2m，柱有 4 根，梁有 2 根，梁向两边外挑 40cm，试计算预制混凝土花架柱、梁的工程量。

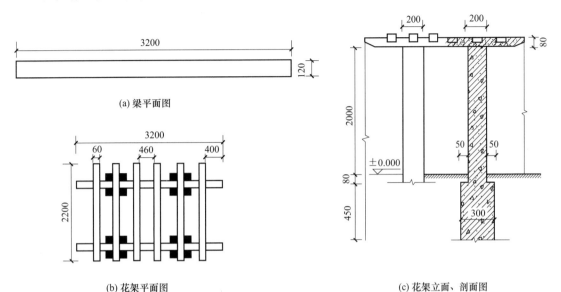

图 4-29　花架示意图

【解】　预制花架工程量计算如下。

（1）预制混凝土花架柱

$V_柱 =$ 柱高×柱截面长×柱截面宽×数量

$\qquad = (2.0+0.08) \times 0.2 \times 0.2 \times 4$

$\qquad = 0.3328$（m^3）

（2）预制混凝土花架梁

$V_梁 =$ 梁长×梁截面长×梁截面宽×数量

$\qquad = 3.2 \times 0.12 \times 0.08 \times 2$

$\qquad = 0.061$（m^3）

4.5.3　金属花架柱、梁

4.5.3.1　概念

　　金属花架柱、梁是指由金属材料加工制作
而成的花架柱、梁。金属花架在现代园林中因
材料新颖被广泛应用，并且融合了世界各国的
地域风格。

4.5.3.2　金属花架柱、梁实物图

　　平台金属花架柱、梁实物图如图 4-30
所示。

4.5.3.3　计算规则及计算公式

　　（1）计算规则

　　按设计图示尺寸以质量计算。

图 4-30　平台金属花架柱、梁实物图

（2）计算公式

$$m = \rho V \tag{4-2}$$

式中　m——花架柱、梁的质量，t；

　　　ρ——花架柱、梁金属的密度，t/m^3；

　　　V——花架柱、梁用料体积，m^2。

4.5.3.4　案例解读

【例 4-15】　某游乐园有一座用碳素结构钢所建的拱形花架，长度为 6.3m，如图 4-31 所示。花架共含 5 套拱柱，梁 7 根，已知钢材为空心钢（密度为 0.05t/m³），所用钢材截面尺寸均为 60mm×100mm，花架采用 50cm 厚的混凝土作为基础，试求其柱、梁的工程量。

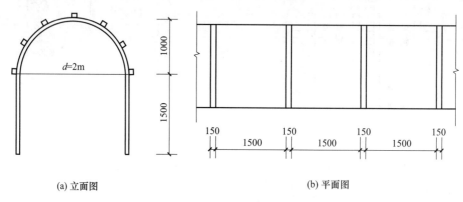

图 4-31　花架构造示意图

【解】　金属花架柱、梁工程量计算如下：

（1）花架拱柱

柱的体积＝（两侧柱子钢材体积＋半圆形拱顶钢材体积）×数量

$$= \left(0.06 \times 0.1 \times 1.5 \times 2 + 0.06 \times 0.1 \times 3.14 \times 2 \times \frac{1}{2} \right) \times 5$$

$$= (0.018 + 0.01884) \times 5$$

$$= 0.1842 \ (m^3)$$

金属花架拱柱工程量＝柱的体积×密度＝0.1842×0.05＝0.0092（t）

（2）花架钢梁

梁的体积＝钢梁的截面面积×梁的长度×根数

$$= 0.06 \times 0.1 \times 6.3 \times 7$$

$$= 0.2646 \ (m^3)$$

则金属花架梁的工程量＝梁的体积×密度

$$= 0.2646 \times 0.05 = 0.01323 \ (t)$$

【小贴士】　式中，0.06×0.1 为花架柱、梁所用钢材的截面面积（m²）；1.5 为柱子的高（m）；3.14 为圆周率。

4.5.4　木花架柱、梁

4.5.4.1　概念

木花架柱、梁是指用木材加工制作而成的花架柱、梁。木材种类可分为针叶树材和阔叶树材两大类。杉木及各种松木、云杉和冷杉等是针叶树材，柞木、水曲柳、香樟、檫木及各种桦木、楠木和杨木等是阔叶树材。

4.5.4.2 木花架柱、梁示意图

木花架柱、梁实物图、效果图如图 4-32 所示。

(a) 实物图

(b) 效果图

图 4-32 木花架柱、梁示意图

4.5.4.3 计算规则

按设计图示截面面积乘长度（包括榫长）以体积计算。

4.5.4.4 案例解读

【例 4-16】 如图 4-33 所示为某园林中的花架，该花架的长度为 5m，宽如图所示，有 2 根梁，所有的木制构件均为正方形截面，檩条长为 2.6m，有 20 根檩条，木柱的高度为 2.5m，有 8 根木柱，试计算其工程量。

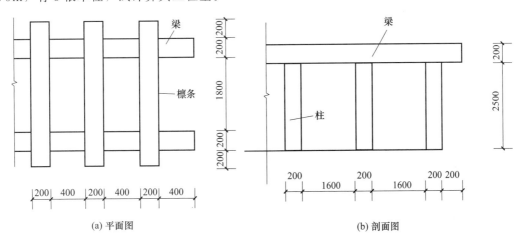

(a) 平面图

(b) 剖面图

图 4-33 木花架构造示意图

【解】 木花架工程量计算如下：

(1) 木梁工程量

$$V_{梁}=底面积×长度×根数$$
$$=0.2×0.2×5×2$$

$$=0.4（m^3）$$

（2）木柱工程量

$$V_柱=底面积×高×根数$$
$$=0.2×0.2×2.5×8$$
$$=0.8（m^3）$$

（3）檩条工程量

$$V_檩=底面积×长度×根数$$
$$=0.2×0.2×2.6×20$$
$$=2.08（m^3）$$

4.5.5　竹花架柱、梁

4.5.5.1　概念

竹花架柱、梁是指用竹子制作而成的花架柱、梁。

（音频2-竹木花架的形式）

4.5.5.2　竹花架柱、梁实物图

竹花架实物图如图4-34所示。

4.5.5.3　计算规则

① 以长度计量，按设计图示花架构件尺寸以延长米计算；
② 以"根"计量，按设计图示花架柱、梁数量计算。

4.5.5.4　案例解读

【例4-17】 图4-35为某竹花架局部平面示意图，每根竹檩条长为4780mm，宽为230mm，厚为180mm，共有12根竹子，试求竹檩条工程量。

图4-34　竹花架实物图

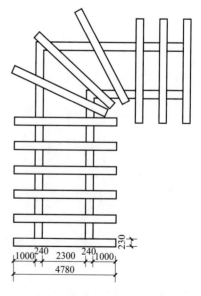

图4-35　竹花架局部平面示意图

【解】 竹檩条工程量 $S=4.78×12=57.36（m）$
或者按根计算：12根

4.6　园林桌椅

4.6.1　预制钢筋混凝土飞来椅

4.6.1.1　概念

预制钢筋混凝土飞来椅以钢筋为增强材料。混凝土抗压强度高，抗拉强度低，为满足工程结构的要求，在混凝土中合理地配置抗拉性能优良的钢筋，可避免拉应力破坏，大大提高混凝土整体的抗拉、抗弯强度。

4.6.1.2　预制钢筋混凝土飞来椅示意图

预制钢筋混凝土飞来椅实物图、构造图如图 4-36 所示。

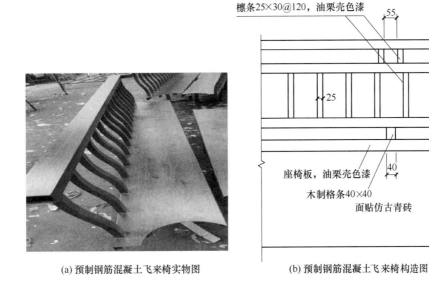

(a) 预制钢筋混凝土飞来椅实物图　　(b) 预制钢筋混凝土飞来椅构造图

图 4-36　预制钢筋混凝土飞来椅示意图

4.6.1.3　计算规则

按设计图示尺寸以座凳面中心线长度计算。

4.6.1.4　案例解读

【例 4-18】　某广场上布置有预制钢筋混凝土飞来椅，如图 4-37 所示，凳子座面用普通干粘石贴面，凳面下表面及凳腿用水泥抹面，试求其工程量。

【解】　预制钢筋混凝土飞来椅工程量＝飞来椅座凳面中心线长度＝1.3m

4.6.2　水磨石飞来椅

4.6.2.1　概念

水磨石飞来椅是以水磨石为材料制成的座椅。水磨石具有色彩丰富、图案组合多种多样的饰面效果，并具有面层平整平滑、坚固耐磨、整体性好、防水、耐腐蚀、易清洁的特点。

4.6.2.2　水磨石飞来椅实物图

水磨石飞来椅实物图如图 4-38 所示。

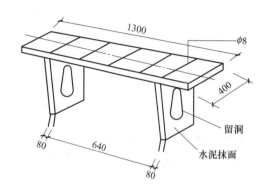

图 4-37 预制钢筋混凝土飞来椅构造示意图

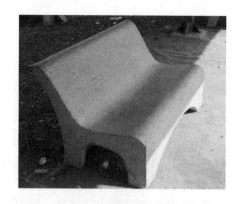

图 4-38 水磨石飞来椅

4.6.2.3 计算规则

按设计图示尺寸以座凳面中心线长度计算。

4.6.2.4 案例解读

【例 4-19】 某小区景观大道两侧现浇制作标准型白色水磨石飞来椅，凳脚刷乳胶漆两遍。飞来椅总长 45m，试计算该白色水磨石飞来椅清单工程量。

【解】 水磨石飞来椅工程量＝座凳面中心线长度＝45m

4.6.3 竹制飞来椅

4.6.3.1 概念

由竹材加工制作而成的座椅，设在园路旁，具有使用和装饰双重功能。

4.6.3.2 施工图

竹制飞来椅示意图如图 4-39 所示。

图 4-39 竹制飞来椅实物图

4.6.3.3 计算规则

按设计图示尺寸以座凳面中心线长度计算。

4.6.3.4 案例解读

【例 4-20】 某景区有竹制的飞来椅供游人休息，如图 4-40 所示。该景区竹制飞来椅为双人座凳，长 1.15m，座椅表面进行油漆涂抹防止木材腐烂，为了使人们坐得舒适，座面有 6°的水平倾角，试计算其清单工程量。

【解】 竹制飞来椅工程量＝座凳面中心线长度＝1.15m

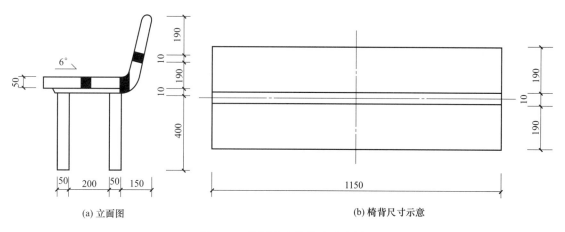

(a) 立面图　　　　　　　　　　　　(b) 椅背尺寸示意

图 4-40　竹制飞来椅构造示意图

4.6.4　现浇混凝土桌凳

4.6.4.1　概念

现浇混凝土桌凳指在施工现场直接按桌凳各部件相关尺寸进行支模、绑扎钢筋、浇筑混凝土等工序制作的桌凳。

4.6.4.2　现浇混凝土桌凳构造图

现浇混凝土桌凳构造图如图 4-41 所示。

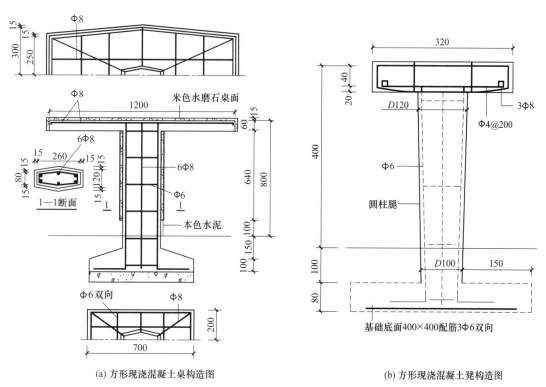

(a) 方形现浇混凝土桌构造图　　　　　　　(b) 方形现浇混凝土凳构造图

图 4-41　现浇混凝土桌凳构造示意图

4.6.4.3 计算规则

以现浇混凝土桌凳的数量，按"个"计算。

4.6.4.4 案例解读

【例 4-21】 如图 4-42 所示为某公园一个现浇混凝土长凳，试计算其工程量。

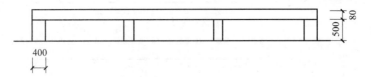

图 4-42 现浇混凝土长凳

【解】 现浇混凝土长凳工程量＝1 个

4.6.5 预制混凝土桌凳

4.6.5.1 概念

预制混凝土桌凳指在施工现场安装之前，按照桌凳各部件相关尺寸，进行预先下料、加工和部件组合，在预制加工厂订购的桌凳。

4.6.5.2 预制混凝土桌凳实物图

预制混凝土桌凳实物图如图 4-43 所示。

4.6.5.3 计算规则

以预制混凝土桌凳的数量，按"个"计算。

4.6.5.4 案例解读

【例 4-22】 某社区为了满足规划需求，同时供人们休息，预制混凝土桌凳 4 套，如图 4-44 所示，试计算桌凳工程量。

图 4-43 预制混凝土桌凳实物图

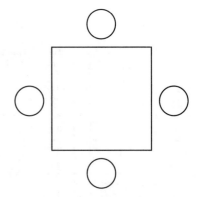

图 4-44 预制混凝土桌凳示意图

【解】 预制混凝土桌的工程量＝4 个

预制混凝土凳的工程量＝4×4＝16（个）

4.6.6 石桌石凳

4.6.6.1 概念

与其他材料相比，石材质地硬，触感冰凉，且夏热冬凉，不易加工。但其耐久性非常好，用作桌凳可美化景观。另外，经过雕凿塑造的石凳也常被当作城市景观中的装点。

 （音频 3-石桌、石凳布置注意事项）

4.6.6.2　石桌石凳示意图

石桌石凳示意图如图 4-45 所示。

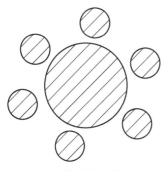

(a) 石桌石凳平面图

(b) 石桌石凳实物图

图 4-45　石桌石凳示意图

4.6.6.3　计算规则

以石桌石凳的数量，按"个"计算。

4.6.6.4　案例解读

【例 4-23】　为配合景观，拟在小区亭子里用自然石堆砌桌凳，如图 4-46 所示，石桌凳

(a) 示意图

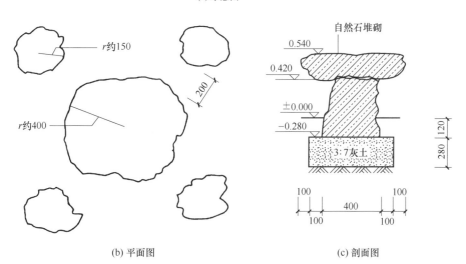

(b) 平面图

(c) 剖面图

图 4-46　石桌石凳构造示意图

表面用普通水泥进行剁斧石处理使表面平整，每个石桌配有 4 个石凳，小区中共有 5 个这样的亭子，试求桌凳工程量。

　　【解】　石桌石凳工程量计算如下。

石桌工程量＝5 个

石凳工程量＝4×5＝20（个）

4.6.7　水磨石桌凳

4.6.7.1　概念

　　水磨石桌凳的主要材料是水磨石。水磨石的优点是不易开裂，不收缩变形，不易起尘，耐磨损，易清洁，色泽艳丽，整体美观性好。

4.6.7.2　水磨石桌凳实物图

　　水磨石桌凳实物图如图 4-47 所示。

4.6.7.3　计算规则

　　以水磨石桌凳的数量，按"个"计算。

4.6.7.4　案例解读

　　【例 4-24】　如图 4-48 所示为某公园内供游人休息的棋盘桌，根据设计要求，桌子的面层材料为 20mm 厚白色水磨石面层，桌面形状均为正方形，桌基础为 80mm 厚三合土材料，基础四周比支墩加宽 100mm，试计算石桌工程量。

图 4-47　水磨石桌凳实物图

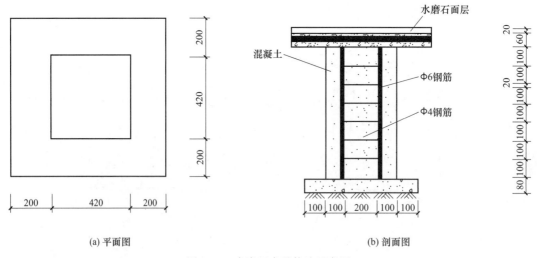

(a) 平面图　　　　　　　　　　(b) 剖面图

图 4-48　水磨石桌凳构造示意图

　　【解】　水磨石棋盘桌工程量＝1 个

4.6.8　塑树节椅

4.6.8.1　概念

　　塑树节椅是指园林中用水泥砂浆粉饰出树节外形的座椅，用以配合园林景点装饰。

4.6.8.2　塑树节椅的示意图

塑树节椅的实物图如图 4-49 所示。

图 4-49　塑树节椅的实物图

4.6.8.3　计算规则

按设计图示数量按"个"计算。

4.6.8.4　案例解读

【例 4-25】　某公园放有塑松树皮节椅供游人休息，如图 4-50 所示，椅子高 0.50m，直径为 0.6m，椅子内用砖石砌筑，砌筑后先用水泥砂浆找平，再在外表用水泥砂浆粉饰出松树皮节外形。椅子下为 60mm 厚混凝土，150mm 厚 3∶7 灰土垫层，素土夯实，试计算椅子的工程量。

【解】　塑松树皮节椅工程量＝8 个

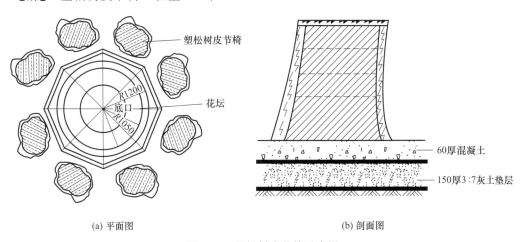

(a) 平面图　　　　　　　　　　　　　　　(b) 剖面图

图 4-50　塑松树皮节椅示意图

4.6.9　塑料、铁艺、金属椅

4.6.9.1　概述

① 塑料椅：塑料椅造型多变、颜色丰富，成本低廉，应用十分广泛。

② 铁艺椅：铁艺椅材质扎实，线条流畅，体现了实用性和艺术性的结合。

③ 金属椅：金属材料的热传导性强，易受四季气温变化影响，近年来，开始使用以散热快、质感好的抗击打金属、铁丝网等材料加工制作的座椅。

4.6.9.2 实物图

铁艺椅实物图如图 4-51 所示。

图 4-51　铁艺椅实物图

4.6.9.3 计算规则

以椅子的数量，按"个"计算。

4.6.9.4 案例解读

【例 4-26】　如图 4-52 所示椅子围绕某圆形广场每 90°方向布置一个。椅子的座面及靠背材料为塑料，扶手及凳腿为生铁浇铸而成，铁构件表面刷防护漆两遍，调和漆两遍。试计算其工程量。

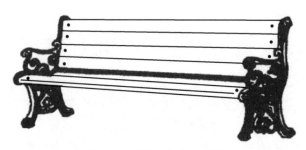

图 4-52　广场椅构造示意图

【解】　椅子围绕圆形广场每 90°布置一个，则椅子的数量为 4 个。

椅子工程量＝4 个

4.7　喷泉安装

4.7.1　喷泉管道

4.7.1.1　概念

喷泉是一种独立的艺术品，而且能够增加空间的空气湿度，减少尘埃，有益于改善环境，促进人们的身心健康。

4.7.1.2 喷泉管道示意图

喷泉管道实物图、轴测图如图 4-53 所示。

(a) 喷泉管道实物图

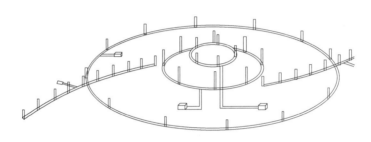

(b) 喷泉管道轴测图

图 4-53 喷泉管道示意图

4.7.1.3 计算规则

按设计图示管道中心线长以延长米计算，不扣除检查（阀门）井、阀门、管件及附件所占的长度。

4.7.1.4 案例解读

【例 4-27】 某公共绿地中心建有一个半径为 4m 的小型喷泉，其管路尺寸如图 4-54 所示。管道采用螺纹连接的焊接钢管材料，管道表面刷防护材料沥青漆两遍，有低压塑料螺纹阀门 2 个，螺纹连接水表一组，试求其工程量。

【解】 喷泉管线喷头工程量计算如下。

DN30 的焊接钢管（螺纹连接）总长度＝4＋2.5＝6.5（m）

DN25 的焊接钢管（螺纹连接）总长度＝4m

DN20 的焊接钢管（螺纹连接）总长度＝1.8×8＋3.14×0.6＝16.284（m）

DN35 的焊接钢管（螺纹连接）总长度＝4m

【小贴士】 式中，6.5 为输水管 DN30 的长度（m）；4 为溢流管 DN25 的长度（m）；1.8 为输水管 DN20 的长度（m）；8 为有 8 根输水管 DN20；3.14 为圆周率；0.6 为扇形喷头的直径（m）；4 为泄水管 DN35 的长度（m）。

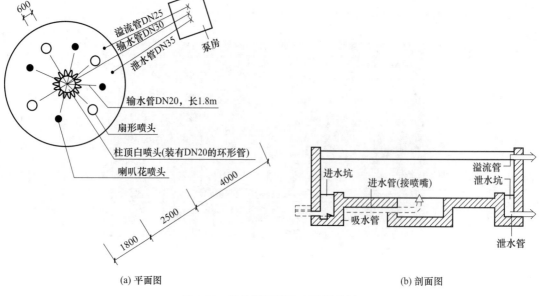

(a) 平面图   (b) 剖面图

图 4-54　喷泉管线喷头布置示意图

4.7.2　喷泉电缆

4.7.2.1　概念

喷泉电缆是指在喷泉正常使用时，用来传导电流，提供电能的设备。

4.7.2.2　喷泉电缆实物图

喷泉电缆实物图如图 4-55 所示。

4.7.2.3　计算规则

按设计图示单根电缆长度以延长米计算。

4.7.2.4　案例解读

【例 4-28】　如图 4-56 所示为某海洋馆内的一音乐喷泉布置图，根据设计要求，所有供水管道均为螺纹镀锌钢管，外用 PVC-U 为材料做保护管。喷泵电缆管厚为 5mm，长度为 32m，试计算喷泉电缆工程量。

【解】　喷泉电缆工程量＝32m

图 4-55　喷泉电缆实物图

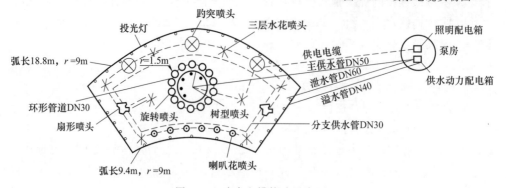

图 4-56　喷泉电缆构造示意图

4.7.3　水下艺术装饰灯具

4.7.3.1　概念

水下艺术装饰灯具指设在水池、喷泉、溪、湖等水面以下，对水景起照明及艺术装饰作用的灯具。

4.7.3.2　水下艺术装饰灯具实物图

水下艺术装饰灯具实物图如图 4-57 所示。

4.7.3.3　计算规则

按设计图示数量计算。

4.7.3.4　案例解读

【例 4-29】　某广场有一圆形喷水池，池底装有照明灯，如图 4-58 所示布置，灯光为彩色。喷水池的高度为 1.3m，埋于地下 0.5m，露出地面的高度为 0.8m，喷水池半径为 4m，用砖砌池壁，池壁的宽度为 0.5m，内表面水泥砂浆找平，池底为现场搅拌混凝土池底，池底厚 40cm，试计算水下艺术装饰灯具的工程量。

【解】　水下照明灯工程量＝20 套

图 4-57　水下艺术装饰灯具实物图

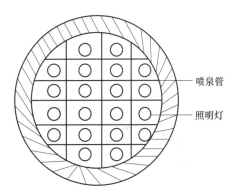

喷泉管

照明灯

图 4-58　圆形喷水池示意图

4.7.4　电气控制柜

4.7.4.1　概念

电气控制柜也称配电柜，有照明配电柜和动力配电柜之分。进户线至室内后先经总闸刀开关，然后分至分路负荷。将总刀开关、分支刀开关和熔断器等装在一起的设备就称为电气控制柜。

4.7.4.2　电气控制柜实物图

电气控制柜实物图如图 4-59 所示。

4.7.4.3　计算规则

按设计图示数量计算。

4.7.4.4　案例解读

【例 4-30】　某景区内有一个矩形喷泉池，喷水池池底、池壁为现浇钢筋混凝土材料，水泵房内有

图 4-59　电气控制柜实物图

一台动力配电柜（包括总刀开关、分支刀开关、熔断器），试求配电柜的工程量。

【解】 配电柜工程量＝1 台

4.7.5 喷泉设备

4.7.5.1 概念

喷泉设备是一种将水或其他液体经过一定压力通过喷头喷洒出来具有特定形状的组合体，提供水压的一般为水泵。

4.7.5.2 喷泉设备实物图

喷泉设备实物图如图 4-60 所示。

图 4-60 喷泉设备实物图

4.7.5.3 计算规则

按设计图示数量计算。

4.8 杂项

4.8.1 石灯 （视频 3-古代灯具的发展）

4.8.1.1 概念

石灯是古代先祖们最早使用的灯具。在古代，天然石灯基本不需要外观整形，仅仅具有照明的使用功能。现代园林中，可以采用石灯进行装饰。

4.8.1.2 示意图

石灯示意图如图 4-61 所示。

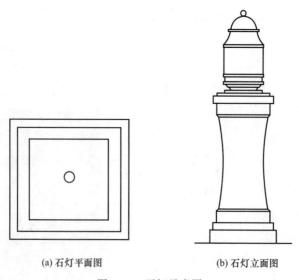

(a) 石灯平面图　　　　(b) 石灯立面图

图 4-61 石灯示意图

4.8.1.3 计算规则

按设计图示数量计算。

4.8.1.4 案例解读

【例 4-31】 某景区草坪上零星点缀有以青白石为材料制作的石灯共有 28 个，石灯构造如图 4-62 所示。所用灯具均为 80W 普通白炽灯，混合料基础宽度比须弥座四周延长 50mm，试求石灯的工程量。

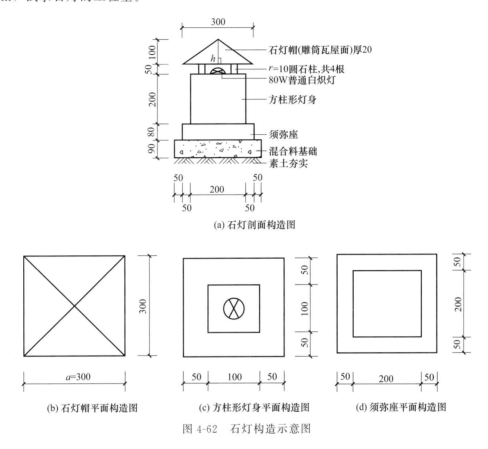

(a) 石灯剖面构造图

(b) 石灯帽平面构造图   (c) 方柱形灯身平面构造图   (d) 须弥座平面构造图

图 4-62　石灯构造示意图

【解】 石灯工程量＝28 个

4.8.2 铁艺栏杆

4.8.2.1 概念

根据所用材料不同可将栏杆分为刺铁丝栏杆、电栏杆、木桩栏杆、生物栏杆、铁丝网栏杆、沟栏杆、土墙栏杆、石块墙栏杆、PVC 栏杆、水泥栏杆、铁艺栏杆等。铁艺栏杆是经过艺术设计制作的铁质或钢质栏杆。铁艺栏杆造型多变，园林中应用很多。

4.8.2.2 铁艺栏杆构造图

铁艺栏杆构造图如图 4-63 所示。

4.8.2.3 计算规则

以铁艺栏杆的长度，按"m"计算。

4.8.2.4 案例解读

【例 4-32】 某景区内矩形花坛构造如图 4-64 所示，已知花坛外围延长为 4.08m×3.38m，花坛边缘有用铁件制作安装的栏杆，高 18cm，已知铁栏杆面密度 6.5kg/m²，且表面涂防锈漆一遍，调和漆两遍，试求其工程量。

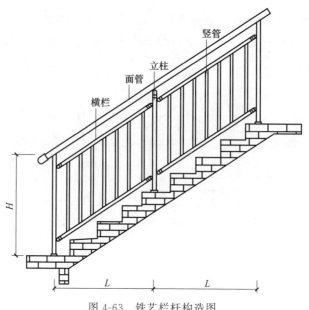

图 4-63 铁艺栏杆构造图

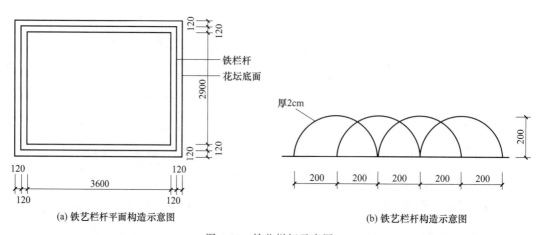

(a)铁艺栏杆平面构造示意图　　　　　(b)铁艺栏杆构造示意图

图 4-64 铁艺栏杆示意图

【解】 铁艺栏杆工程量 $L = (3.6+0.12×2)×2+(2.9+0.12×2)×2$
$= 7.68+6.28$
$= 13.96（m）$

4.8.3 钢筋混凝土艺术围栏

4.8.3.1 概念

钢筋混凝土艺术围栏也称为水泥栏杆、水泥艺术围栏、水泥护栏，是能起到防盗、装饰作用的一种有艺术感的围栏，在一些公用设施常常用到。

4.8.3.2 钢筋混凝土艺术围栏实物图

钢筋混凝土艺术围栏实物图如图 4-65 所示。

4.8.3.3 计算规则

按设计图示尺寸以围栏中心线长度计算。

图 4-65 钢筋混凝土艺术围栏实物图

4.8.4 标志牌

4.8.4.1 概念

标志牌具有接近群众、占地少、变化多、造价低等特点。除其本身的指示、提醒功能外，还以其优美的造型、灵活的布局装点美化着园林环境。 📢 (音频 4-标志牌的特点)

4.8.4.2 标志牌示意图

标志牌如图 4-66 所示。

(a) 标志牌示意图

(b) 标志牌实物图

图 4-66 标志牌

4.8.4.3 计算规则

按设计图示数量计算。

4.8.4.4 案例解读

【例 4-33】 一标志牌如图 4-67 所示，长度为 750mm，宽度为 200mm，数量为 12 个，试求其工程量。

【解】 标志牌工程量＝12 个

图 4-67　标志牌设置图

4.8.5　景墙、景窗

4.8.5.1　概念

景墙是园内为划分空间、组织景观、安排导游而布置的围墙，是能够反映文化品位，兼有美观、隔断、通透作用的景观墙体。

景窗俗称花墙头、漏墙、花墙洞、漏花窗、花窗，是一种装饰性透空窗，外观为不封闭的空窗，窗洞内装饰着各种镂空图案，透过景窗可隐约看到窗外景物。

4.8.5.2　示意图

景墙、景窗示意图如图 4-68 所示。

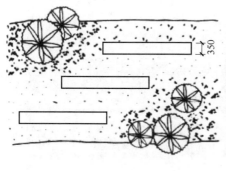

(a) 景墙平面图　　　　　　　　　　(b) 景窗效果图

图 4-68　景墙、景窗示意图

4.8.5.3　计算规则

按设计图示尺寸以长度、面积或体积计算。

4.8.5.4　案例解读

【例 4-34】　某公园建一园林景墙，其平面图和剖面图如图 4-69 所示，已知半弧长为 100m，景墙宽为 280mm，试求该圆弧景墙工程量。

【解】　景墙工程量 $V = 100\text{m} \times 2 \times 0.28\text{m} \times 0.82\text{m}$

$$= 45.92 \ (\text{m}^3)$$

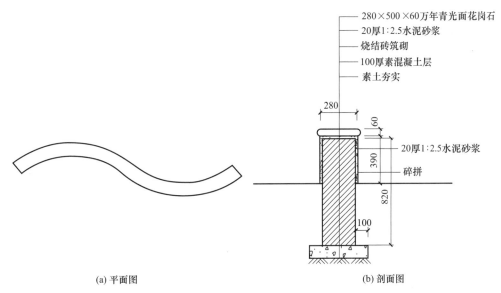

(a) 平面图　　　　　(b) 剖面图

图 4-69　景墙示意图

4.8.6　砖石砌小摆设

4.8.6.1　概念

砖石砌小摆设是指用砖石材料砌筑的各种仿匾额、花瓶、花盆、石鼓、坐凳及小型水盆、花坛池、花架等装饰。

4.8.6.2　砖石砌小摆设实物图

砖石砌小摆设实物图如图 4-70 所示。

4.8.6.3　计算规则

按设计图示尺寸以数量、体积等计算。

4.8.6.4　案例解读

【例 4-35】　某公园的匾额用青白石为材料制成，上面雕刻有"××公园"四个石镌字，镌字为阳文，构造如图 4-71 所示，试求其工程量。

图 4-70　砖石砌小摆设

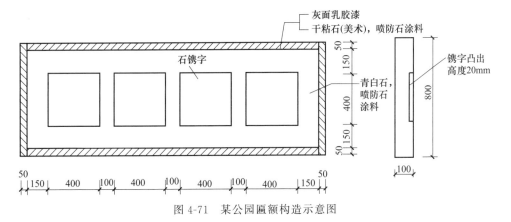

图 4-71　某公园匾额构造示意图

【解】 工程量计算如下。

匾额面积＝(0.05＋0.15＋0.4×4＋0.1×3＋0.15＋0.05)×0.8

$\qquad$＝1.84（m^2）

所用青白石的工程量＝匾额面积×厚度

$\qquad$＝1.84×0.1

$\qquad$＝0.184（m^3）

4.8.7 柔性水池

4.8.7.1 概念

柔性水池是利用复合土工膜黏土盖层发挥组合作用对土塘、水池全表面进行防渗铺盖保护的容水体。

4.8.7.2 施工图

柔性水池实物图如图 4-72 所示。

4.8.7.3 计算规则

按设计图示尺寸以水平投影面积计算。

图 4-72 柔性水池实物图

4.8.7.4 案例解读

【例 4-36】 柔性水池示意图如图 4-73 所示，该水池为长方形，试计算其工程量。

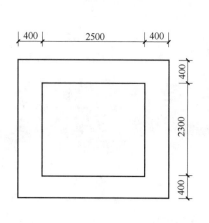

(a) 平面图

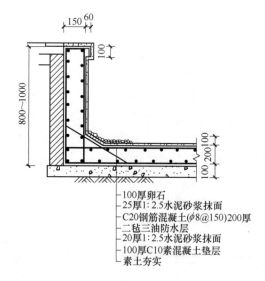

—100厚卵石
—25厚1:2.5水泥砂浆抹面
—C20钢筋混凝土(φ8@150)200厚
—二毡三油防水层
—20厚1:2.5水泥砂浆抹面
—100厚C10素混凝土垫层
—素土夯实

(b) 剖面图

图 4-73 柔性水池示意图

【解】 柔性水池工程量 S ＝长×宽

$\qquad$＝(2.5＋0.4×2)×(2.3＋0.4×2)

$\qquad$＝3.3×3.1

$\qquad$＝10.23（m^2）

第⑤章 ▶▶▶

措施项目

5.1 脚手架工程

（1）概述

脚手架是指施工现场为便于施工人员上下操作，或进行外围安全网围护及高空构件的安装，解决垂直和水平运输问题搭设的各种支架。

脚手架的种类较多，可按照设置形式、支固方式、脚手架平杆与立杆的连接方式、构架方式来划分种类，见表5-1。此外，还可按脚手架的材料划分为传统的竹、木脚手架，钢管脚手架，或金属脚手架等。（视频1-脚手架的设置形式）

表 5-1　脚手架种类

分类方法	种类及说明
按脚手架的设置形式划分	1. 单排脚手架，只有一排立杆，横向平杆的一端搁置在墙体上的脚手架。 2. 双排脚手架，由内外两排立杆和水平杆构成的脚手架。 3. 满堂脚手架，按施工作业范围满设的，纵、横两个方向各有三排以上立杆的脚手架。 4. 封圈型脚手架，沿建筑物或作业范围周边设置并相互交圈连接的脚手架。 5. 开口型脚手架，沿建筑周边非交圈设置的脚手架，其中呈直线型的脚手架为"一字型脚手架"。 6. 特型脚手架，具有特殊平面和空间造型的脚手架，如用于烟囱、水塔、冷却塔以及其他平面为圆形、环形、"外方内圆"形、多边形以及上扩或上缩等特殊形式的建筑施工脚手架
按脚手架的支固方式划分	1. 落地式脚手架，支座搭设在地面、楼面、墙面或其他平台结构之上的脚手架。 2. 悬挑脚手架（简称"挑架"），采用悬挑方式支固的脚手架。 3. 附墙悬挂脚手架（简称"挂架"），上部或中部挂设于墙体挂件上的定型脚手架。 4. 悬吊脚手架（简称"吊架"），悬吊于悬挑梁或工程结构之下的脚手架，当采用篮式作业架时，称为"吊篮"。 5. 附着式升降脚手架（简称"爬架"），附着于工程结构上，依靠自身的升降设备和装置，可随工程结构逐层爬升或下降，具有防倾覆、防坠落装置的悬空外脚手架。 6. 整体式附着升降脚手架，有三个以上提升装置的连跨升降的附着式升降脚手架。 7. 水平移动脚手架，带行走装置的脚手架或操作平台架
按脚手架平、立杆的连接方式划分	1. 承插式脚手架，在平杆与立杆之间采用承插连接的脚手架。 2. 扣接式脚手架，使用扣件箍紧连接的脚手架，即靠拧紧扣件螺栓所产生的摩擦作用搭设和承载的脚手架。 3. 销栓式脚手架，采用对穿螺栓或销杆连接的脚手架，此种形式已很少使用

续表

分类方法	种类及说明
按构架方式划分	1. 杆件组合式脚手架。 2. 框架组合式脚手架(简称"框组式脚手架")。它是由简单的平面框架(如门架、梯架、"旧"字架和"目"字架等)与连接、撑拉杆件组合而成的脚手架,如门式钢管脚手架、梯式钢管脚手架和其他各种框式构件组装的鹰架等。 3. 格构件组合式脚手架。它是由桁架梁和格构柱组合而成的脚手架,如桥式脚手架,又分提升式和沿齿条爬升式两种。 4. 台架。它是具有一定高度和操作平面的平台架,多为定型产品,其本身具有稳定的空间结构,可单独使用或立拼增高或水平连接扩大,并常带有移动装置

(2) 脚手架的构造

脚手架搭设前应对架子工进行安全技术交底,同时脚手架的搭拆人员必须是经政府部门培训考核合格并颁发合法证件的专业架子工,必须持证上岗。脚手架搭设和拆除作业以前,应根据工程特点编制脚手架专项施工方案,并应经审批后实施。脚手架材料与构配件的性能指标应满足脚手架使用的需要,质量应符合国家现行相关标准的规定。

① 双排脚手架必须配合施工进度搭设,一次搭设高度不应超过相邻连墙件以上两步;如果超过相邻连墙件以上两步,无法设置连墙件时,应采取撑拉固定等措施与建筑结构拉结。图5-1所示为双排脚手架的双立杆连接构造图。

② 满堂脚手架应在架体外侧四周及内部纵、横向每6～8m由底至顶设置连续竖向剪刀撑。当架体搭设高度在8m以内时,应在架顶部设置连续水平剪刀撑;当架体搭设高度在8m及以上时,应在架体底部、顶部及竖向间隔不超过8m分别设置连续水平剪刀撑。水平剪刀撑宜在竖向剪刀撑斜杆相交平面设置。剪刀撑宽度应为6～8m。图5-2所示为某工程正在使用的满堂脚手架。(音频1-满堂脚手架的特点)

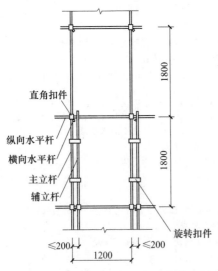

图5-1 双排脚手架的双立杆连接构造图

图5-2 满堂脚手架现场图

③ 图5-3、图5-4所示为柱子拉结处的脚手架的布置。

④ 悬挑脚手架的悬挑梁必须选用不小于16号的工字钢,悬挑梁的锚固端长度应不小于

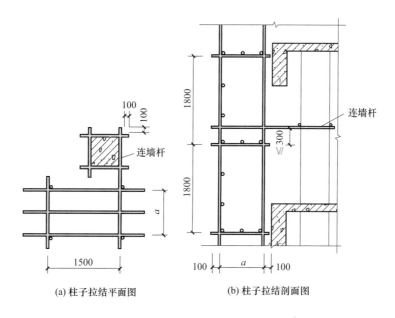

(a) 柱子拉结平面图　　(b) 柱子拉结剖面图

图 5-3　柱子拉结图

a—脚手架搭接宽度，一般取 0.9～1.3m

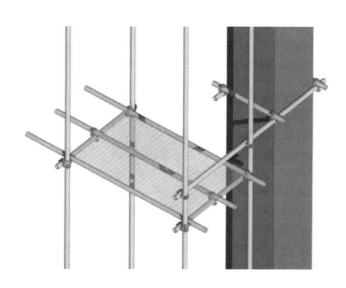

图 5-4　柱子拉结三维模型图

悬挑端长度的 1.25 倍，悬挑长度不应过长。悬挑梁锚环端应设置两道锚环（间距 20cm），锚环直径 16mm 以上。每道钢梁端部设置直径 14mm 以上斜拉钢丝绳，上端吊环使用直径 20mm 圆钢预埋。图 5-5 所示为悬挑脚手架剖面示意图。

⑤ 扣接式脚手架主要分为承插盘扣式脚手架、碗扣式脚手架、轮扣式脚手架，它们之间最大的区别就是脚手架节头。承插盘扣式脚手架的构造图如图 5-6 所示，图 5-7 所示为承插盘扣式脚手架节头，图 5-8 所示为碗扣式脚手架节头，如图 5-9 所示为轮扣式脚手架节头。可以从这几个图中明显看到它们之间连接的差别。（视频 2-扣接式钢管脚手架的特点）

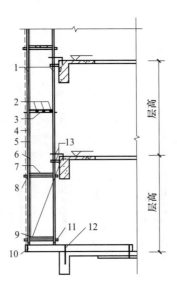

图 5-5 悬挑脚手架剖面图

1—钢管立杆；2—纵向水平杆；3—横向水平杆；4—剪刀撑；5—钢管护栏；

6—密目阻燃式安全网；7—脚手板；8—挡脚板；9—纵横扫地杆，纵向扫地杆

固定在距底座上皮不大于 200mm 处的立杆上，横向扫地杆固定在紧靠纵向扫地杆

下方的立杆上；10—悬挑型钢，锚固长度为悬挑长度 2 倍；11—φ20 钢筋，

$L=150$mm，焊接于工字钢面，钢管固定于槽钢上；

12—预埋一级圆钢，锚固于梁板内不小于 300mm；

13—连墙件，由紧固拉杆和钢管回顶两部分组成

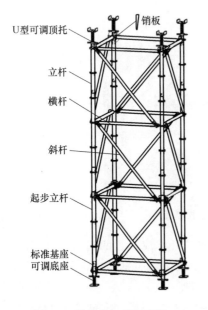

图 5-6 承插盘扣式脚手架

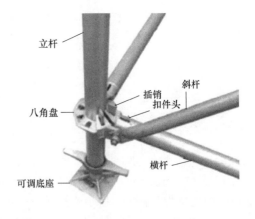

图 5-7 承插盘扣式脚手架节头

⑥ 堆砌（塑）假山脚手架。在园林工程中，假山常构成园林的主景或地形骨架，而堆砌（塑）假山一般体积较大，所以需要通过脚手架来施工，并且把此项工程的脚手架的造价计入了措施项目费里面。图 5-10 所示即为堆砌（塑）假山脚手架。

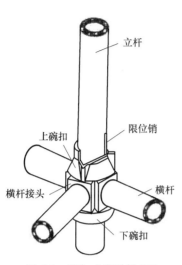

图 5-8　碗扣式脚手架节头

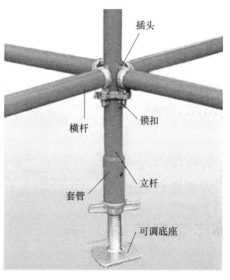

图 5-9　轮扣式脚手架节头

图 5-10　堆砌（塑）假山脚手架

（3）工程量计算规则

脚手架工程的工程量计算规则见表 5-2。

表 5-2　脚手架工程的工程量计算规则

项目编码	项目名称	项目特征	计量单位	工程量计算规则	工作内容
050401001	砌筑脚手架	1. 搭设方式 2. 墙体高度	m²	按墙的长度乘墙的高度以面积计算（硬山建筑山墙高算至山尖）。独立砖石柱高度在 3.6m 以内时，以柱结构周长乘以柱高计算，独立砖石柱高度在 3.6m 以上时，以柱结构周长加 3.6m 乘以柱高计算。凡砌筑高度在 1.5m 及以上的砌体，应计算脚手架	1. 场内、场外材料搬运 2. 搭、拆脚手架、斜道、上料平台 3. 铺设安全网 4. 拆除脚手架后材料分类堆放

续表

项目编码	项目名称	项目特征	计量单位	工程量计算规则	工作内容
050401002	抹灰脚手架	1. 搭设方式 2. 墙体高度	m²	按抹灰墙面的长度乘高度以面积计算（硬山建筑山墙高算至山尖）。独立砖石柱高度在 3.6m 以内时，以柱结构周长乘以柱高计算，独立砖石柱高度在 3.6m 以上时，以柱结构周长加 3.6m 乘以柱高计算	1. 场内、场外材料搬运 2. 搭、拆脚手架、斜道、上料平台 3. 铺设安全网 4. 拆除脚手架后材料分类堆放
050401003	亭脚手架	1. 搭设方式 2. 檐口高度	1. 座 2. m²	1. 以"座"计量，按设计图示数量计算 2. 以"m²"计量，按建筑面积计算	
050401004	满堂脚手架	1. 搭设方式 2. 施工面高度		按搭设的地面主墙间尺寸以面积计算	
050401005	堆砌(塑)假山脚手架	1. 搭设方式 2. 假山高度	m²	按外围水平投影最大矩形面积计算	
050401006	桥身脚手架	1. 搭设方式 2. 桥身高度		按桥基础底面至桥面平均高度乘以河道两侧宽度以面积计算	
050401007	斜道	斜道高度	座	按搭设数量计算	

（4）案例解读

【例 5-1】 如图 5-11、图 5-12 所示，某建筑内外墙厚均为 240mm。采用钢管脚手架，根据图中信息，试计算外墙砌筑脚手架的工程量。

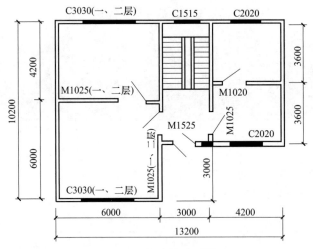

图 5-11　某建筑平面图

【解】 工程量计算规则：砌筑高度在 15m 以下，按单排脚手架计算。脚手架工程量按墙的长度乘墙的高度以面积计算。

外墙砌筑脚手架工程量 $S = [(13.2+10.2) \times 2 + 0.24 \times 4] \times 4.8 + (7.2 \times 3 + 0.24) \times (6-4.8) + [(6+10.2) \times 2 + 0.24 \times 4] \times (8.6-4.8+0.2) = 229.25 + 26.21 + 133.44 = 388.9$（m²）

【小贴士】 式中，$(13.2+10.2) \times 2 + 0.24 \times 4$ 为首层外墙周长（m）；4.8 为首层搭接

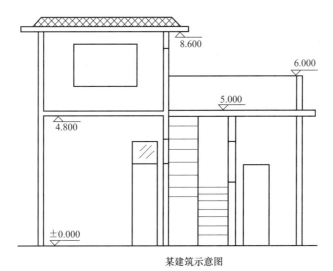

某建筑示意图

图 5-12　某建筑立面图

高度（m）；7.2×3＋0.24 为二层右侧外墙长度（m）；6－4.8 为二层右侧外墙搭接高度（m）；（6＋10.2）×2＋0.24×4 为二层左侧外墙长度（m）；8.6－4.8＋0.2 为二层左侧外墙搭接高度（m）。

5.2　模板工程

（1）概念

模板工程是包括混凝土浇筑模板以及支承模板的一整套构造体系。其中，接触混凝土并控制预定尺寸、形状、位置的构造部分称为模板，支持和固定模板的杆件、桁架、联结件、金属附件、工作便桥等构成支承体系。对于滑动模板、自升模板则增设提升动力以及提升架、平台等。模板工程在混凝土施工中是一种临时结构。

（2）施工图

图 5-13 所示为工人正在对现浇混凝土花池进行支模板工作。支模板后就可以进行混凝土的浇筑了，然后进行混凝土养护，养护达标后，就可以拆除模板。

图 5-13　现浇混凝土花池支模板

（3）工程量计算规则

模板工程工程量计算规则见表 5-3。

表 5-3 模板工程工程量计算规则

项目编码	项目名称	项目特征	计量单位	工程量计算规则	工作内容
050402001	现浇混凝土垫层	厚度	m²	按混凝土与模板接触面积计算	1. 制作 2. 安装 3. 拆除 4. 清理 5. 刷隔离剂 6. 材料运输
050402002	现浇混凝土路面				
050402003	现浇混凝土路牙、树池围牙	高度			
050402004	现浇混凝土花架柱	断面尺寸			
050402005	现浇混凝土花架梁	1. 断面尺寸 2. 梁底高度			
050402006	现浇混凝土花池	池壁断面尺寸			
050402007	现浇混凝土桌凳	1. 桌凳形状 2. 基础尺寸、埋设深度 3. 桌面尺寸、支墩高度 4. 凳面尺寸、支墩高度	1. m³ 2. 个	1. 以"m³"计量,按设计图示混凝土体积计算 2. 以"个"计量,按设计图示数量计算	
050402008	石桥拱券石、石券脸胎架	1. 胎架面高度 2. 矢高、弦长	m²	按拱券石、券脸石弧形底面展开尺寸以面积计算	

5.3 树木支撑架、草绳绕树干、搭设遮阴（防寒）棚工程

（1）概念

① 树木支撑架 （音频 2-树木树干支撑常见方式）

树木支撑架由横支撑杆、竖支撑杆、连接螺钉组成。其上、下部横支撑杆连接成口字形，比三角形更加牢固，上下两层横支撑杆四角与竖支撑杆连接，四根竖支撑杆向外撑开达到牢固支撑的目的。所有横支撑杆的两端螺钉连接处都开有调节槽，连接位置使用连接螺钉进行连接，使其拆卸安装十分方便快捷。这样可以适应各种不同的树木品种和围径，可以灵活地调节，而且能以稳定的状态支撑树木，利于树木的成活与生长，帮助树木抗击台风等自然灾害。将支撑杆打磨光滑，可便于安装和利于环境美观。支撑杆花纹为原木的应对其进行特殊的处理，使其更加坚固耐用。

② 草绳绕树干

草绳绕树干是指对树干缠草绳以起到保护树干、保湿、防日灼、防寒等作用的措施。乔木植物特别是高杆植物的草绳用量是很大的，如高杆桂花、高杆紫薇树、香樟树等。米径超过 6cm 都需要用草绳缠绕树干。

③ 搭设遮阴（防寒）棚

分为小规模（2亩以内）和中大规模（5～100亩）扦插类型。小规模扦插搭棚要求不严格，各种类型的遮阴棚都可行，以方便、适用、节省、快捷为准。大规模扦插搭棚必须牢固、抗风，搭棚不牢固的话，有可能垮棚倒棚。园林遮阴棚必须缝合牢固、抗老化时间不小于两年。如使用抗老化时间短的遮阴棚，就可能中途出现质量问题，导致扦插成活率低，扦插苗大量死亡。

（2）施工现场图

园林树木支撑架如图 5-14 所示，草绳绕树干的施工如图 5-15 所示，灌木防寒棚的施工如图 5-16 所示。

图 5-14　园林树木支撑架

草绳除了可以保护大树的主干在装车和运输中不会断裂，在冬季御寒方面也被广泛应用，就像是给冬季的树苗穿上一件防寒衣

图 5-15　草绳绕树干

图 5-16　灌木防寒棚

（3）工程量计算规则

树木支撑架、草绳绕树干、搭设遮阴（防寒）棚工程的工程量计算规则见表 5-4。

表 5-4　树木支撑架、草绳绕树干、搭设遮阴（防寒）棚工程工程量计算规则

项目编码	项目名称	项目特征	计量单位	工程量计算规则	工作内容
050403001	树木支撑架	1. 支撑类型、材质 2. 支撑材料规格 3. 单株支撑材料数量	株	按设计图示数量计算	1. 制作 2. 运输 3. 安装 4. 维护

续表

项目编码	项目名称	项目特征	计量单位	工程量计算规则	工作内容
050403002	草绳绕树干	1. 胸径(干径) 2. 草绳所绕树干高度	株	按设计图示数量计算	1. 搬运 2. 绕杆 3. 余料清理 4. 养护期后清除
050403003	搭设遮阴(防寒)棚	1. 搭设高度 2. 搭设材料种类、规格	1. m² 2. 株	1. 以"m²"计量,按遮阴(防寒)棚外围覆盖层的展开尺寸以面积计算 2. 以"株"计量,按设计图示数量计算	1. 制作 2. 运输 3. 搭设、维护 4. 养护期后清除

5.4 围堰、排水工程

（1）概念

① 围堰。围堰指在工程建设中，修建的临时性围护结构。其作用是防止水和土进入建筑物的修建位置，以便在围堰内排水，开挖基坑，修筑建筑物。

② 排水工程。排水工程主要任务是将雨水、废水、污水收集起来并输送到适当地点排放，或经过处理之后再重复利用和排放掉。园林中如果没有排水工程设施，雨水、污水积于园内，将会使植物遭受涝灾，滋生大量蚊虫并传播疾病，既影响环境卫生，又会严重影响园里的所有游园活动。因此，在每一项园林工程中都要设置良好的排水工程设施。

（2）施工现场图

图 5-17 所示为工人正在进行围堰、排水工程的施工。

图 5-17　围堰、排水工程施工

（3）工程量计算规则

围堰、排水工程的工程量计算规则见表 5-5。

表 5-5　围堰、排水工程工程量计算规则

项目编码	项目名称	项目特征	计量单位	工程量计算规则	工作内容
050404001	围堰	1. 围堰断面尺寸 2. 围堰长度 3. 围堰材料及灌装袋 材料品种、规格	1. m³ 2. m	1. 以"m³"计量，按围堰断面面积乘以堤顶中心线长度以体积计算 2. 以"m"计量，按围堰堤顶中心线长度以延长米计算	1. 取土、装土 2. 堆筑围堰 3. 拆除、清理围堰 4. 材料运输
050404002	排水	1. 种类及管径 2. 数量 3. 排水长度	1. m³ 2. 天 3. 台班	1. 以"m³"计量，按需要排水量以体积计算，围堰排水按堰内水面面积乘以平均水深计算 2. 以"天"计量，按需要排水日历天计算 3. 以"台班"计量，按水泵排水工作台班计算	1. 安装 2. 使用、维护 3. 拆除水泵 4. 清理

5.5 安全文明施工及其他措施项目

（1）概念

① 安全文明施工包括环境保护和文明施工两方面内容。（音频 3-安全文明施工费包含的内容）

环境保护是按照法律法规、各级主管部门和企业的要求，保护和改善作业现场的环境，控制现场的粉尘、废水、废气、固体废弃物、噪声、振动等对环境的污染和危害。

文明施工是指保持施工场地整洁卫生，施工组织科学，施工程序合理的一种施工活动。实现文明施工，不仅要着重做好现场的场容管理工作，而且还要相应做好现场材料、机械、安全、技术、保卫、消防和生活卫生等方面的管理工作。一个工地的文明施工水平是该工地乃至所在企业各项管理工作水平的综合体现。

② 其他措施项目包括夜间施工、非夜间施工照明、二次搬运、冬雨季施工、反季节栽植影响措施、地上地下设施的临时保护设施和已完工程及设备保护等内容。

（2）图片

图 5-18 所示为文明施工"五牌一图"：一图指的是施工现场总平面图；五牌指的是工程概况牌、管理人员名单及监督电话牌、消防安全制度牌、安全生产制度牌、文明和环保制度

图 5-18　文明施工"五牌一图"

牌。除了五牌一图，还有六牌一图、八牌二图，甚至还有九牌一图，施工工程一般根据地方性的规定的不同，或者项目根据自身条件来选择更详尽的布置方式。

（3）工作内容及包含范围

安全文明施工及其他措施项目的工作内容及包含范围见表5-6。

表5-6　安全文明施工及其他措施项目的工作内容及包含范围

项目编码	项目名称	工作内容及包含范围
050405001	安全文明施工	1. 环境保护：现场施工机械设备降低噪声、防扰民措施；水泥、种植土和其他易飞扬细颗粒建筑材料密闭存放或采取覆盖措施等；工程防扬尘洒水；土石方、杂草、种植遗弃物及建渣外运车辆防护措施等；现场污染源的控制、生活垃圾清理外运、场地排水排污措施；其他环境保护措施。 2. 文明施工："五牌一图"；现场围挡的墙面美化（包括内外粉刷、刷白、标语等）、压顶装饰；现场厕所便槽刷白、贴面砖，水泥砂浆地面或地砖，建筑物内临时便溺设施；其他施工现场临时设施的装饰装修、美化措施；现场生活卫生设施；符合卫生要求的饮水设备、淋浴、消毒等设施；生活用洁净燃料；防煤气中毒、防蚊虫叮咬等措施；施工现场操作场地的硬化；现场绿化、治安综合治理；现场配备医药保健器材、物品和急救人员培训；用于现场工人的防暑降温、电风扇、空调等设备及用电；其他文明施工措施。 3. 安全施工：安全资料、特殊作业专项方案的编制，安全施工标志的购置及安全宣传；"三宝"（安全帽、安全带、安全网）、"四口"（楼梯口、管井口、通道口、预留洞口）、"五临边"（园桥围边、驳岸围边、跌水围边、槽坑围边、卸料平台两侧），水平防护架、垂直防护架、外架封闭等防护；施工安全用电，包括配电箱三级配电、两级保护装置要求，外电防护措施；起重设备（含起重机、井架、门架）的安全防护措施（含警示标志）及卸料平台的临边防护、层间安全门、防护棚等设施；园林工地起重机械的检验检测；施工机具防护棚及其围栏的安全保护设施；施工安全防护通道；工人的安全防护用品、用具购置；消防设施与消防器材的配置；电气保护、安全照明设施；其他安全防护措施。 4. 临时设施：施工现场采用彩色、定型钢板，砖、混凝土砌块等围挡的安砌、维修、拆除；施工现场临时建筑物、构筑物的搭设、维修、拆除，如临时宿舍、办公室、食堂、厨房、厕所、诊疗所、临时文化福利用房、临时仓库、加工场、搅拌台、临时简易水塔、水池等；施工现场临时设施的搭设、维修、拆除，如临时供水管道、临时供电管线、小型临时设施等；施工现场规定范围内临时简易道路铺设，临时排水沟、排水设施安砌、维修、拆除；其他临时设施搭设、维修、拆除
050405002	夜间施工	1. 夜间固定照明灯具和临时可移动照明灯具的设置、拆除。 2. 夜间施工时施工现场交通标志、安全标牌、警示灯等的设置、移动、拆除。 3. 夜间照明设备及照明用电、施工人员夜班补助、夜间施工劳动效率降低等
050405003	非夜间施工照明	为保证工程施工正常进行，在如假山石洞等特殊施工部位施工时所采用的照明设备的安拆、维护及照明用电等
050405004	二次搬运	由于施工场地条件限制而发生的材料、植物、成品、半成品等一次运输不能到达堆放地点，必须进行的二次或多次搬运
050405005	冬雨季施工	1. 冬雨（风）季施工时增加的临时设施（防寒保温、防雨、防风设施）的搭设、拆除。 2. 冬雨（风）季施工时对植物、砌体、混凝土等采用的特殊加温、保温和养护措施。 3. 冬雨（风）季施工时施工现场的防滑处理，对影响施工的雨雪的清除。 4. 冬雨（风）季施工时增加的临时设施、施工人员的劳动保护用品、冬雨（风）季施工劳动效率降低等
050405006	反季节栽植影响措施	因反季节栽植在增加材料、人工、防护、养护、管理等方面采取的种植措施及保证成活率措施
050405007	地上地下设施的临时保护设施	在工程施工过程中，对已建成的地上、地下设施和植物进行的遮盖、封闭、隔离等必要保护措施
050405008	已完工程及设备保护	对已完工程及设备采取的覆盖、包裹、封闭、隔离等必要的保护措施

注：本表所列项目应根据工程实际情况计算措施项目费用，需分摊的应合理计算摊销费用。

参考文献 ▶▶▶
REFERENCES

［1］ 中华人民共和国住房和城乡建设部. 风景园林制图标准：CJJ/T 67—2015 ［S］. 北京：中国建筑工业出版社，2015.

［2］ 中华人民共和国住房和城乡建设部，中华人民共和国国家质量监督检验检疫总局. 建设工程工程量清单计价规范：GB 50500—2013 ［S］. 北京：中国计划出版社，2013.

［3］ 中华人民共和国住房和城乡建设部. 园林绿化工程工程量计算规范：GB 50858—2013 ［S］. 北京：中国计划出版社，2013.

［4］ 中华人民共和国住房和城乡建设部. 房屋建筑与装饰工程工程量计算规范：GB 50854—2013 ［S］. 北京：中国计划出版社，2013.

［5］ 中华人民共和国住房和城乡建设部. 市政工程工程量计算规范：GB 50857—2013 ［S］. 北京：中国计划出版社，2013.

［6］ 鸿图造价. 园林工程识图与造价入门 ［M］. 北京：机械工业出版社，2021.

［7］ 冯婷婷，吕东蓬. 园林工程识图与施工 ［M］. 成都：西南交通大学出版社，2016.

［8］ 园林工程读图识图与造价编委会. 园林工程读图识图与造价 ［M］. 北京：知识产权出版社，2014.

［9］ 袁惠燕，谢兰曼，应喆. 园林绿化工程工程量清单计价与实例 ［M］. 苏州：苏州大学出版社，2017.

［10］ 杜贵成. 园林绿化工程计价应用与实例 ［M］. 北京：金盾出版社，2015.

［11］ 万滨. 园林工程快速识图与诀窍 ［M］. 北京：中国建筑工业出版社，2020.

［12］ 张琦. 园林工程造价员手工算量与实例精析 ［M］. 北京：中国建筑工业出版社，2015.

［13］ 张辛阳. 园林景观工程造价 ［M］. 武汉：华中科学技术大学出版社，2022.

［14］ 段晓鹃，张巾爽. 园林工程计量与计价 ［M］. 重庆：重庆大学出版社，2022.